微量润滑切削加工过程热力学分析及建模

季 霞 著

中国宇航出版社

·北京·

图书在版编目(CIP)数据

微量润滑切削加工过程热力学分析及建模/季霞著
. --北京：中国宇航出版社，2022. 7
ISBN 978-7-5159-2093-1

Ⅰ. ①微…　Ⅱ. ①季…　Ⅲ. ①金属切削—加工工艺—热力学—分析　Ⅳ. ①TG506

中国版本图书馆 CIP 数据核字（2022）第 111947 号

责任编辑 张丹丹　　　**封面设计** 宇星文化

出版发行 中国宇航出版社

社　址 北京市阜成路 8 号　**邮　编** 100830
(010) 68768548
网　址 www.caphbook.com
经　销 新华书店
发行部 (010) 68767386　(010) 68371900
(010) 68767382　(010) 88100613（传真）
零售店 读者服务部　(010) 68371105
承　印 北京厚诚则铭印刷科技有限公司

版　次 2022 年 7 月第 1 版
2022 年 7 月第 1 次印刷
规　格 787×1092
开　本 1/16
印　张 8.5　**彩　插** 1 面
字　数 123 千字
书　号 ISBN 978-7-5159-2093-1
定　价 38.00 元

本书如有印装质量问题，可与发行部联系调换

序

非常有幸，阅读、学习、借鉴并践行了季霞老师的《微量润滑切削加工过程热力学分析及建模》，感受颇多。特以序记之，并推荐、共勉！

如果说劳动创造人类，科学改变文明，那制造就是推动科学发展、推动文明进步的杠杆。有一份资料警示，世界钢材的10%，因制造精度导致表面腐蚀而损失；世界机电产品的70%，因制造精度导致摩擦、磨损而损失；世界能源的1/3，被直接消耗在制造精度失效导致的摩擦、磨损中，可见制造的重要性。而制造应力、蠕变是制造精度失效的元凶。

制造，是把原材料变成满足使用要求的产品的过程，而现代制造的实质就是实现特定功能数物模型合一和物理形态的能量再平衡过程。所以，制造蠕变，就是制造物理时空能量聚集的“涟漪”；而制造应力，就是制造物理时空能量集结的“引力波”。因此说，制造的核心，就是无应力制造。这也是精密、超精密制造的终极目标。

引发制造应力的因素有很多，从设计到工艺、从材料到构件、从装备到环境等。本书作者根据自己多年的所学所用实践，就减材制造中参与切削过程的关键要素——切削液及微量润滑切削，进行了充分的仿真、研究和验证。基于微量润滑切削加工的过程的物理建模，综合考虑工件材料、刀具材料和切削液等多物理性质性能参数的耦合影响，结合实践验证显性数据映射，通过相关数值分析方法优化，对切削加工过程中的相关物理量进行解算分析、推演建模，对关键显性影响参数进行优化和预测，并取得了良好的效果。

本专著对从事切削加工的专业人员具有良好的指导和借鉴作用，也将对我国制造业从工艺流程数字化到制造系统智能化，从制造过程参数精准化到加工质量控形控性起到积极的推动作用。

无应力制造技术始终是制造领域的瓶颈技术，理论很深，技术难度很大，希望并期盼作者能在制造应力的抑制领域，进一步深入探讨研究，继续耕耘，再创佳绩，为我国制造技术的进步做出更大的贡献。

2022年5月

于北京

前　言

切削加工过程产生的残余应力，严重影响着零件的尺寸精度和动/静力学强度、疲劳强度及构件的耐蚀性（据报道，世界钢材的10%损失于表面腐蚀）等，从而严重影响了构件的使用寿命。因此，无应力制造成为现代制造技术的终极目标。深入研究切削加工残余应力的产生机理，实现残余应力的准确预测和抑制，提高加工件的质量和使用寿命就成为切削制造专业技术领域至关重要的研究课题。

切削液是传统冷/热减材制造加工过程的重要组成要素，对制造具有冷却、润滑、除屑、防锈和加工亚表面损伤抑制等作用。据统计，切削液成本占加工总成本的7%～17%。切削液在使用、处理和排放等过程中均会对环境造成污染，甚至对人的身体健康造成伤害。为了响应国家实现“双碳”的目标，微量润滑切削加工作为一种绿色可持续加工技术，受到了工业界和学术界越来越广泛的关注。

本书围绕微量润滑在切削加工过程中的降热减摩机理，重点分析了微量润滑对加工过程中切削力和切削温度的影响，综合考虑了“力-热”耦合作用下的应力分布，建立了微量润滑切削加工表面残余应力的预测模型，并通过试验对其进行验证。基于验证模型，揭示了切削加工参数和微量润滑参数对切削加工表面残余应力的影响规律。

全书共6章。第1章介绍微量润滑残余应力以及加工的国内外研究现状；第2章介绍微量润滑对切削模型摩擦特性的影响分析；第3章介绍基于“热-力”耦合的切削力和切削温度预测建模；第4章介绍综合考虑“热-力”效应的残余应力解析建模；第5章介绍基于AISI4130合金钢直角车削试验的预测模型验证；第6章介绍微量润滑切削表面残余应力的敏感性分析。

本书基于微量润滑切削加工过程的物理建模，综合考虑工件材料、刀具材料和切削液等多物质性能耦合影响，结合实践验证显性数据，通过相关数值分析方法，对切削加工过程中的相关物理量进行解算分析、推演建模，对关键影响参数进行优化和预测。

本书研究内容涉及制造学、材料学、物理和数学等多学科知识。在撰写本书过程中，作者参阅了本领域国内外研究专著、学术论文、学位论文、技术报告及网络报道等，在此向上述研究成果的作者及发布单位表示感谢。

本书研究内容得到了国家自然科学基金（No：52175384、No：51705073）、国家发改委重大技术装备攻关项目（No：2102－320905－89－05－514710）、中国博士后科学基金（No：2015M571456）、上海交通大学机械系统与振动国家重点实验室开放课题（No：MSV201604）等项目的资助，在此一并表示感谢！

感谢美国佐治亚理工学院 Steven Y. Liang 教授和上海交通大学张雪萍副教授对本人及研究团队工作的指导和支持！特别感谢中国航天电子技术研究院原总师陈效真研究员对本人科学研究方法的指导并为本书作序！

限于作者水平，书中不足之处在所难免，敬请广大读者批评指正。

季霞

2022 年 5 月

目　录

第1章　绪　论

1.1　引言

随着制造业的迅速发展，人们对各种机械产品的加工质量要求越来越高。精密机械的加工零件不仅要具备高几何性能，而且要满足耐蚀性、疲劳极限和抗磨损等高物理性能，这些性能和机加工件的表面完整性密切相关。表面完整性的概念是由 Field 和 Kahles 在 1964 年提出的[1]，它定义为零件加工后的表面纹理和表面层冶金质量。机加工表面完整性包含很多特征，如表面粗糙度、表面波纹度、宏观裂纹、微观结构和残余应力等，其中残余应力尤为重要。

加工件表面的残余应力分布是衡量加工表面质量的一项重要指标，严重影响加工件的静力强度、疲劳强度及耐蚀性，进而影响零件的使用寿命。同时，残余应力也是影响加工件几何尺寸稳定性的主要因素。加工件表面/次表面的残余应力可以提高或者降低加工件在使用过程中承受载荷的能力，这主要取决于加工件表面残余应力的状态、大小及分布。

机加工过程中影响加工件表面残余应力的因素有很多，主要包括切削参数、刀具几何形状、材料性能及润滑条件等。此外，不同于零件的其他性能指标，加工件表面的残余应力无法仿造或复制。因此，深入理解机加工过程中残余应力的产生机理，对进一步理解机加工生产过程以及控制加工件表面质量具有重要的现实意义。

目前，残余应力的研究方法主要包括试验测量法[2,3]、有限元分析法[4]和解析建模法[5,6]。试验测量法是一种最直接、最直观的检测方法，但它费时费力，并且其研究结果受试验条件的限制，无法进行极端条件下的试验。随着计算机技术的迅速发展，有限元法越来越多地应用于加工残余应力的分析研究。通过有限元法可以比较准确地模拟金属切削加工过程，从而有效地预测切削过程中的切削温度、切削力及工件表面的残余应力分布。然而，有限元分析法在改变切削条件时需重新计算，花费很多时间，并且有限元分析法无法进行逆向运算。因此，有限元分析法不适合工艺过程的优化和控制。与试验测量法和有限元分析法相比，基于物理模型的解析建模法提供了一种快速、准确预测加工残余应力的方法。

在金属切削加工过程中，切削液常用来延长刀具的使用寿命，提高产品的加工质量和尺寸精度。并且，切削液可以用来辅助排屑。但是，切削液的大量使用也产生了很多负面影响，不仅造成空气污染，破坏生态环境，还给人类身体健康带来潜在的危害。为此，很多国家制定了相关的环保标准，以限制切削液的用量。随着人们环保意识增强，各个国家的环保法规日趋严格。美国国家职业安全与健康研究中心规定，工厂车间空气中的切削液不能超过 $0.5mg/m^3$[7,8]。据调查，由使用切削液带来的相关费用占据工件加工总成本的 7%～17%，相比于刀具的成本占加工总成本的2%～4%来说，使用切削液的成本相当高[9,10]。因此，有必要减少金属切削加工过程中切削液的使用量。

针对使用切削液带来的经济及环境方面的影响，提出了微量润滑（Minimal Quantity Lubrication，MQL）加工技术。微量润滑加工指的是利用极少量的切削液，一般为 100mL/h 或更少，其使用量大致为传统湿式加工切削液使用量的万分之一。微量润滑加工的基本原则是获得干燥的加工表面，因此，微量润滑加工又称为近干式切削加工（Near Dry Machining，NDM）。

切削液对加工残余应力的影响主要有两方面：一是润滑，由于切削液具有润滑作用，从而引起在加工过程中刀屑界面和刀件界面摩擦系数的变化，最终引起工件表面接触应力的变化；二是冷却，切削液具有冷却作用，会影响加工过程中热应力的变化。国内外学者对微量润滑切削加工残余应力展开了大量研究，主要集中在利用试验测量法或有限元分析法研究微量润滑材料特性和切削加工参数与加工表面残余应力之间的关系，解析建模法的研究较少[11-13]。鉴于试验测量法和有限元分析法的局限性，有必要通过解析建模法对微量润滑切削加工表面残余应力进行深入研究和探讨。

鉴于可持续发展及环境保护的重要性，微量润滑加工作为一种可替代传统湿式加工的技术，在工业界和学术界得到越来越广泛的关注。因此，对于微量润滑加工件表面残余应力的研究也是微量润滑加工研究的一个必然趋势。本书选取微量润滑加工件表面残余应力作为研究对象，从机加工残余应力的产生机理出发，综合考虑微量润滑加工的冷却和润滑作用对切削加工过程中切削力和切削温度的影响，建立了基于“热-力”耦合的残余应力预测模型，揭示了加工残余应力随润滑条件变化的影响规律。研究成果对推动微量润滑加工在工业生产中的更广泛应用具有重要的理论意义和实用价值，为将来实现加工件表面质量的控制以及基于功能制造的反求加工奠定了坚实的理论基础。

1.2　残余应力的国内外研究现状

金属切削加工是一个伴随着高温、高压、高应变率的塑性大变形过程，同时又由于切削过程中切削力和切削热的作用以及刀具与工件的摩擦等综合因素的影响，使加工件表面形成残余应力分布。加工件表面的残余应力分为残余拉应力和残余压应力。国内外学者从 20 世纪 50 年代开始对此进行了大量的研究。

1.2.1　残余应力的试验研究现状

早期对机加工残余应力的研究大都采用切削试验的方法。从 20 世纪 50 年代开始，国内外学者通过一系列金属切削试验，基于切削参数、刀具形状和工件材料性能对加工件表面的残余应力进行了大量的研究。主要研究了切削速度、进给量、切削深度、切削刃几何形状、刀具涂层、刀具磨损以及工件硬度等对加工件表面残余应力的影响。加工件表面/次表面的残余应力测试方法主要包括 X 射线衍射法[14,15]、钻孔法[16,17]和超声波法[18]。研究的加工材料主要包括普通碳钢[19-21]、陶瓷材料[22,23]以及复合材料[24]。

工件材料的硬度对加工件表面残余应力的分布起着决定性的作用，其作用主要通过影响加工过程中的剪切角来实现。试验发现，在大剪切角的情况下，易在加工件表面产生残余压应力[25]。Liu 和 Barash[26]通过对低碳钢的直角车削试验发现，剪切面的长度决定了加工件表面残余应力的影响层深度，而切削刃的形状，如切削刃的圆角半径以及有效后角决定了加工件表层残余应力的分布形式。Liu 等人[27]通过硬车削轴承钢 JIS SUJ2 得到了同样的结论，证明刀尖圆角半径对加工表层残余应力起着决定性的作用。通过 Thiele 等人[28]硬车削轴承钢 AISI52100 试验，Arunachalam 等人[29]对镍基合金 Inconel718 进行车削试验，进一步确认了刀具切削刃形状对加工表面残余应力的影响。当刀尖圆弧半径增大时，易在加工件表面产生残余拉应力。当刀具磨损量增加时，加工件表层残余拉应力和次表层的残余压应力也随之增加。另外，一个对残余应力起主要影响作用的切削参数是切削速度。硬质合金刀具切削 AISI316L 不锈钢试验[30]、WC 刀具加工 TiAl 试验[31]、CBN 刀具和陶瓷刀具切削 Inconel718 合金试验[29]的结果表明：随着切削速度的变化，残余应力的大小和影响层深度均有变化。随着切削速度的加快，表面残余压应力绝对值减小，残余应力的影响层深度也随之减小。穆英娟等人[32]进行了高速铣削试验研究后发现，在进给方向上，加工件表面的残余压应力随着切削速度的加快而增大；在垂直于进给方向上，表面残余应力表现为拉应力。在 CBN 刀具切削 Inconel718 合金试验中发现，增大切削深度时，加工件表面残余应力数值减小[29]，这与之前切削深度对残余应力的影响很小的结论并不一致[33]。张亦良等人[34]通过对低碳钢的车削试验发现，随着切削深度的增大，残余应力影响层深度明显增加。而进给量和切削速度对加工件表面残余应力的影响较大，随着进给量和切削速度的增加，表面残余拉应力增大。Hua 等人[35]通过硬车削轴承钢 AISI52100 试验发现，进给量对残余应力的分布形式有很大的影响。进给量增大时，最大残余压应力值和深度也随之增加。Arunachalam 等人[29]通过 CBN 刀具和陶瓷刀具对 Inconel718 合金进行车削试验发现，在切削试验过程中切削液的使用使加工件表面易产生残余压应力。Attanasio 等人[36]通过车削 AISI1045 试验研究了润滑条件对残余应力的影响，试验结果表明，润滑效果对残余应力的大小影响不显著。覃孟扬等人[37]研究了预应力对加工表面残余应力的影响，试验结果表明，预应力值越大，所得加工表面残余压应力也越大。

1.2.2 残余应力的有限元分析研究现状

随着计算机技术及有限元技术的不断发展，利用有限元分析法研究加工件表面的残余应力得到了越来越广泛的应用。有限元分析法分析切削加工表面的残余应力涉及加工件材料特性、切屑分离准则、摩擦模型等关键技术。通过有限元分析法对加工过程进行模拟，得到的工件表面残余应力分布与实际测量结果比较吻合，特别是在加工材料特性已知的情况下。正是由于这个原因，有限元分析法一直致力于获得比较准确的加工材料的本构模型。现在有限元分析法模拟切削加工过程，通常采用Johnson-Cook材料本构模型来模拟加工过程中应变、应变率和温度的变化，从而确定材料的流动应力。

最早的有限元分析法将金属切削过程进行二维模拟，从而预测切削过程中应变、温度、应力、加工件表面的残余应力以及白层的分布。这些预测大都基于弹性、塑性、弹塑性或者弹-黏塑性模型来模拟加工过程，并且需要输入加工件材料和刀具材料的性能参数。

由于大多数金属切削过程都是三维切削，因此有必要通过空间转换来提取三维切削过程中的应变、应力和温度分布，从而通过这些过程变量来预测实际切削加工表面的残余应力分布、微硬度以及白层厚度，甚至预测刀具磨损量。随着计算机和数值方法的迅速发展，三维切削加工有限元技术得到了迅速发展。三维模拟切削通过损伤准则来模拟切屑成形过程，采用网格自动重新划分技术。尽管三维有限元模拟过程中的一些问题尚未解决，但目前大部分的有限元研究都集中于切削过程的三维模拟。很长一段时间以来，有限元分析法无法准确地模拟切屑从工件分离的过程，大都依靠人工切屑分离法。值得注意的是，修正的拉格朗日有限元公式和网格重构技术可用来模拟刀尖附近材料的塑性流动过程，从而形成连续或断续的切屑，这就避免了运用人工切屑分离准则这一简化的模型。另外，一些研究学者通过ALE（Arbitrary Lagrangian Eulerian）有限元分析法模拟了二维平面应变条件下的直角切削和三维斜角切削试验，进一步推进了切削模拟技术的发展。

国内外学者通过有限元分析法对金属切削过程进行了模拟，对切削力、切削温度、残余应力和白层厚度进行了预测。研究的加工材料主要包括普通碳钢、工具钢及难加工材料，如 Ti6Al4V 等。研究结果表明，通过有限元分析法对钢切削加工过程中的残余应力和白层厚度预测比较准确，特别是对于硬车削轴承钢 AISI52100，预测结果和实际测量结果吻合较好。Chen 等人[38]通过 ABAQUS 软件采用 Johnson - Cook 模型预测了锯齿状切屑形成过程及残余应力分布。他们研究了切屑成形预测对加工件表面残余应力的影响，认为利用锯齿切屑成形机理可提高残余应力的预测精度。Calamaz 等人[39]通过模拟钛合金 Ti6Al4V 车削试验，通过考虑锯齿状切屑形成过程中的应变软化，建立了一个修正的材料本构模型。Özel 等人[40]采用一个随温度变化的流动软化模型来模拟 Ti6Al4V 车削试验，利用二维弹-黏塑性模型和三维黏塑性模型研究了锯齿状切屑形成过程中，刀具涂层对切削力、切削温度分布、应力分布以及刀具磨损速率的影响。覃孟扬等人[37]采用 Deform 软件建立了预应力切削的有限元模型，通过一元线性回归分析，推导出一个以预应力和切削参数为变量的加工表面残余应力预测公式。黄志刚等人[41]和王立涛等人[42,43]采用 ABAQUS 软件对材料 40CrNiMoA 进行了切削加工模拟，研究了切屑分离准则、刀屑界面的摩擦模型等加工模拟过程中的关键技术，提出了几何-应力切屑分离标准，得到了加工件表面的残余应力预测分布。Liu 等人[44]采用 ABAQUS 软件建立了三维有限元模型，对切削过程中的切削力、切削热和切削加工残余应力进行了有限元模拟，研究了刀尖参数和切削参数对切削力、切削热和切削加工残余应力的影响规律。Zhang 等人[45,46]采用 ABAQUS 软件模拟硬车削轴承钢 AISI52100 切削加工过程，研究了刀尖圆弧半径对加工件表面残余应力的影响，分别考虑了机械应力和热应力对残余应力的影响。

1.2.3 残余应力的解析建模研究现状

与残余应力的有限元分析法研究相比，解析建模法的最大优势是显著减少计算时间，为工业生产应用提供一个更准确、更快速、更适用的残余应力预测方法。事实上，解析建模法提供了一个快速准确预测残余应力的方法，这对于工程师来说是一个至关重要的因素。从科学角度来讲，解析建模法从加工机理出发，能更深入理解各个参数对加工残余应力的影响，从而实现整个加工过程的优化[47]。

关于残余应力解析建模的研究最早可以追溯到1964年。Merwin 和 Johnson[48]最早通过分析平面状态下理想刚塑性材料在重复滚动接触中的塑性变形，预测了滚动接触表面沿层深方向上的残余应力分布。Barash 和 Schoech[49]通过简单滑移线场理论预测了加工件表面/次表面残余应力的分布。随后，Liu 和 Barash[50,51]通过钝刀具的车削加工试验，研究了刀具磨损状态下加工件表层的力学状态。Wu 和 Matsumoto[25]通过解析建模法研究了工件材料硬度对加工件表层残余应力的状态分布。Fuh 和 Wu[52]通过端铣2014－T6合金，建立了残余应力的数学预测模型。残余应力和切削参数之间的关系通过参数拟合试验得到。尽管得到了较好的预测结果，但这个数学模型中的部分参数在很大程度上依赖于试验数据的拟合，因此该预测模型不能很好地解释加工参数和残余应力之间的物理关系。随后，Jiang 和 Sehitoglu[53]通过一个半解析模型和新的塑性模型分析了线滚动接触中的剪应变以及残余应力预测。继 Jiang 和 Sehitoglu 的研究后，McDowell[54]提出了一种基于二维滚滑动线接触的新算法，该算法适用于非循环周期性塑性载荷下任意形式的随动硬化。Umbrello 等人[55]基于人工神经网络法提出了残余应力的预测模型，该模型既可用于正向预测，也可用于反求，可根据残余应力反求出加工条件，同时该模型考虑了材料微观组织变化对残余应力的影响。Outeiro 等人[56]采用了热分配解析模型，结合切屑流预测模型，分析了刀尖圆弧半径对残余应力的影响。Ulutan 等人[57]通过解析建模法建立了机加工表面残余应力的预测模型。该模型采用有限差分法通过热平衡方程求出刀具、切屑以及工件表面的温度分布。得到的温度场用于热-力模型来预测残余应力，通过热力载荷得到的应力运用于弹塑性解析模型和应力释放程序，从而来预测加工件表面的应力分布。Lazoglu 等人[58]通过对工件内热应力、机械应力叠加建立了改进的残余应力解析模型。Liang 和 Su[59]根据 Oxley 预测理论，结合 McDowell 混合算法，建立了直角车削加工件表面残余应力的预测模型。在此模型基础上，Liang 等人[60]建立了一个残余应力的反求模型，该模型可以根据既定的残余应力分布反求出所需的切削条件以及刀具参数。Su 等人[61]将直接切削残余应力模型扩展到铣削加工等工艺。

到目前为止，关于残余应力的解析建模研究大都局限于干切削加工，很少考虑切削液对加工件表面残余应力的影响。而切削液对加工件表面残余应力的影响主要表现在两方面：第一，通过改变摩擦系数来改变加工过程中的接触应力；第二，通过冷却作用来改变加工过程中的热应力。因此，要建立微量润滑条件下的残余应力解析模型，必须从微量润滑对切削力和切削温度的影响这两方面来考虑。下面详细介绍一下切削力和切削温度解析建模的国内外研究现状。

在金属切削过程中，切削温度是切屑形态、加工件表面完整性和刀具磨损的主要决定因素。在切削过程中产生的切削热和热分配比对切屑、刀具和工件的温度分布有重要影响。刀具失效和加工件表面的残余拉应力大都是由于在切削加工过程中产生的大量热量进入刀具或工件引起的。因此，研究切削过程中切屑、刀具和工件的温度分布有助于掌握刀具失效机理和加工件的表面完整性。根据已有的文献查阅，试验测量法或有限元分析法（Finite Element Method，FEM）主要集中于研究刀具几何形状、材料性能和切削参数对切削温度分布的影响，很少有关于切削过程中切削温度的理论建模方面的研究。

Moufki 等人[62]通过考虑摩擦系数随温度变化建立了直角车削条件下的温度预测数学模型。在加工过程中，某一时刻的平均温度通过计算摩擦系数、剪切角等参数得到，从而预测出温度和应力分布。

Trigger 和 Chao[63]建立了一个稳态的二维解析模型，用来预测金属切削过程中的平均温度，通过这个模型可以求出切屑和刀屑界面的平均温度。他们假设剪切面和刀屑界面的热源均匀分布。此外，他们还假设在切屑和刀具接触的很短时间内进入切屑内部的热剪应变能不再重新分布。他们利用 Blok[64]分配原则计算剪切面的热能分布。此外，假设工件未加工表面和已加工表面为绝热状态。

切屑和刀具界面的热分配系数通过计算求出，从而求出刀屑界面的平均切削温度，Loewen 和 Shaw[65]也进行了类似的工作。随后，Chao 和 Trigger[66]提出了另外一种温度预测解析法，他们将热流密度假设成一个指数函数，这更加接近于一个真实的界面温度分布状况。另外，他们还提出了一个离散数值迭代法，将解析法和数值分析方法相结合。通过这个方法采用 Jaegaer 的移动和固定热源解可以预测出刀屑界面上刀具或者切屑的温度分布。

Radulescu 和 Kapoor[67]提出了一个三维解析模型，用来预测连续切削和断续切削过程中的切削温度。这种解析建模需要输入切削力，从而预测切削过程中的瞬态切削温度。

Komanduri 和 Hou[68-70]建立了一个解析模型，用来预测切削过程中刀屑界面的温度分布，该模型综合考虑了剪切面产生的剪切热源以及刀屑界面的摩擦热源。该模型以 Hahn[71]的倾斜移动剪切热源、Chao 和 Trigger[66]提出的刀屑界面的摩擦热源，以及 Jaegaer 提出的移动和固定热源解为基础。他们假设只有在切屑背面是绝热状态，刀屑界面上切屑一边为非均匀分布的移动热源带，刀具一边为矩形热源带，从而预测刀屑界面的温度分布。该模型用于预测硬质合金刀具加工普通钢时的温度。

Huang 和 Liang[72]在 Komanduri 的研究基础上，考虑了刀具磨损对加工过程中切削温度的影响。随后，Li 和 Liang[73]将 Komanduri 的温度预测解析模型扩展到近干式切削（Near Dry Machining，NDM）加工，考虑了近干式切削加工过程中的切削液对切削温度的影响。然而，该预测模型依赖于试验过程中切削力的测量，根据测得的切削力来预测切削温度。Ji 等人[74]在 Komanduri 温度预测模型的基础上，提出了一个新的验证温度预测模型的方法。该方法将加工件表面的硬度和切削温度历程相结合，根据测得的已加工表面的硬度分布反求出切削过程中的温度历程。

现有的温度预测模型存在两个弊端：①不考虑切削液对切削温度的影响，预测模型主要适用于干切削加工；②考虑切削液对切削温度的影响，但切削温度的预测需要依赖于其他物理过程量的测量，如通过测量切削力来预测切削温度。

在切削过程中的切削力分析是预测切削温度、预估刀具寿命、优化切削过程和颤振分析等的前提。在过去的几十年，国内外学者对金属切削过程中的加工机理和切削力进行了广泛的分析和研究。根据已有的文献，切削力建模主要基于以下两种基本原理：①最小能量原理；②滑移线场理论。

Merchant[75]基于最小能量原理首先提出了直角切削过程中的切削力预测模型。该模型假设工件为理想刚塑性材料，忽略了热力效应影响。刀屑界面通过库仑定律假设摩擦系数为常数。切削力随剪切角的变化而变化，剪切角由最小切削力决定。同样的，Matsumura 和 Usui[76]基于能量法提出了复杂刀具切削状态下的切削力预测模型，该模型可用于球头铣削和粗加工端铣加工过程切削力的预测。

Oxley[77]基于滑移线场理论，建立了直角切削条件下的热力耦合预测模型。该模型综合考虑了温度影响和工件材料性能的影响，考虑到切削加工过程中的大应变率和应变硬化等，建立了一个基于试验的热分析模型。在传统切削速度下，该模型预测结果与实际测量结果比较吻合。然而，由于该预测模型建立在试验基础上，部分参数需要通过测量到的试验结果进行校正。随后，Oxley 的预测模型被应用到除了钢以外的其他一些加工材料[78]。Johnson－Cook 材料本构模型[79,80]、幂定律历程材料本构模型[81]和机械临界应力材料本构模型[82]常用来和 Oxley 预测模型相结合，通过这些模型来预测材料的流动应力，从而预测切削加工过程中的切削力。

Karpat 和 Ozel[80]通过对 Oxley 预测模型进行修正，提出了一个新的解析模型，用来预测刀屑界面非均匀分布的热源密度。

Li 和 Liang[83]将 Oxley 的预测模型运用到近干式切削加工预测，综合考虑近干式切削加工过程中的油雾混合物对切削力的影响。该预测模型将适用于锋利刀具的 Oxley[77]切削预测理论和考虑刀具磨损的 Waldorf[84]预测模型进行结合，从而预测刀具磨损状态下的近干式切削过程中的切削力。遗憾的是，该模型需要测量切削温度作为输入参数，从而来测量切削力。

1.3 微量润滑加工的国内外研究现状

微量润滑加工技术不仅可以显著降低切削液使用成本，而且可以最大限度地减少切削液对环境和人体的危害。因此，微量润滑加工技术作为一种可替代传统湿式加工的技术在工业生产中得到了越来越广泛的应用。查阅已有的文献可知，目前微量润滑研究可分为：

1）微量润滑的切削试验研究，主要通过试验观察，分析微量润滑对切削力、切削温度、表面粗糙度和刀具磨损等方面的影响。

2）微量润滑的解析建模研究，主要从切削加工机理出发，基于物理模型建立微量润滑条件下切削力、切削温度和空气质量的预测模型。下面主要从这两个方面介绍微量润滑加工的国内外研究现状。

1.3.1 微量润滑加工的试验研究现状

微量润滑加工的试验研究主要集中在研究微量润滑对切削力、切削温度、刀具磨损、切屑形态、加工件表面粗糙度、尺寸精度等的影响以及微量润滑的参数优化等。研究的材料主要包括普通碳钢、淬硬钢、不锈钢和高温合金等。微量润滑应用的加工工艺主要包括车削、铣削、磨削和钻削等。

Dhar 等人[85,86]通过对 AISI1040 微量润滑车削试验发现，相比于干切削加工，微量润滑条件下的切削力降低了 5%～15%，特别是主切削方向上的切削力下降趋势比较显著。他们认为微量润滑改变了刀屑界面的摩擦性能，从而降低了切削温度，这是引起切削力减小的主要原因。此外，由于微量润滑引起的切削温度的降低减少了刀具磨损量，从而延长了刀具使用寿命。

Hwang 和 Lee[87]对 AISI1045 进行了车削试验，比较了微量润滑加工和传统湿式加工下的切削力以及加工件表面粗糙度。试验结果发现，微量润滑条件下的加工件表面质量明显优于传统湿式加工。另外，他们通过响应面分析法获得了一组关于切削速度、进给量、切削深度和微量润滑喷嘴尺寸的优化参数。

Liu 等人[88]和 Cai 等人[89]进行了 Ti6Al4V 合金的微量润滑铣

削试验，研究了微量润滑参数（如空气压力、切削液流量、喷嘴位置等）对铣削力和铣削温度的影响，重点分析了切削液流量对铣削力、加工件表面粗糙度、刀具磨损的影响。试验发现，切削液流量在一定范围内变化可以有效减小铣削力，减小加工件表面粗糙度值。但切削液流量超过一定的范围后，流量对铣削力和加工件表面质量的改善不再显著。

南京航空航天大学何宁团队[90-93]研究了钛合金、高温合金以及高强度不锈钢的高速车削和铣削试验，获得了干切削、微量润滑加工以及低温微量润滑条件下加工件表面微结构的变化。试验结果表明，低温微量润滑效果与微量润滑相当，有效地减小了刀具与已加工工件表面之间的摩擦系数。低温微量润滑比微量润滑更有效地降低了切削区的温度，并且低温微量润滑对加工表面质量没有负面作用，加工硬化现象不严重。

北京航空航天大学袁松梅团队[94-97]研究了高强钢的微量润滑铣削试验，观察了微量润滑条件下的刀具磨损及切屑形态。通过试验数据比较和分析发现，相比于干切削加工，低温微量润滑切削有效地抑制了切削刃处黏结物的产生，延长了刀具寿命。

青岛理工大学李长河团队[98-101]研究了低温微量润滑加工技术的应用形式和工艺特点以及冷却润滑机理，分析了离子液体的微量润滑磨削加工性能，在此基础上结合纳米流体微量润滑优异的润滑效果和低温冷风良好的冷却效果提出了冷风纳米流体微量润滑加工技术。

江苏大学王贵成团队[102,103]研究了微量润滑加工中切削液的作用机理，通过 45 钢车削加工试验，分析了微量润滑喷雾参数、喷嘴位置对切削力、变形系数和卷屑断屑的影响，探讨了微量润滑加工中切削液的最佳用量。

广东工业大学王成勇团队[104-106]分析了各类微量润滑复合增效技术机理、关键装置及其工艺应用，研究了不同微量润滑参数和雾粒传输方式下油量调控性能和调控规律，从摩擦学角度模拟微量润滑条件下 AlTiN 基涂层刀具切削加工 S136 淬硬磨具钢的摩擦、磨损性能等。

浙江工业大学许雪峰团队[107-109]提出了一种静电喷雾微量润滑

的绿色切削加工新技术，利用静电喷雾荷电液滴粒径小、表面张力降低、吸附性好以及离子空气流的特点，提高雾化切削液的润滑和冷却性能。研究基于静电喷雾微量润滑的切削加工特点，对比传统浇注式润滑冷却和微量润滑下的切削加工技术，试验评价静电喷雾微量润滑的润滑性能和冷却性能，以及静电雾化切削液对切削环境空气质量的影响。

哈尔滨理工大学张慧萍团队[110-112]研究了低温微量润滑的冷却润滑减摩效果，对低温微量润滑高速铣削300M钢铣削力和铣削温度进行了研究，建立了铣削力、铣削温度相对于切削参数的预测模型；进行了低温微量润滑高速铣削300M钢刀具磨损研究，构建了刀具磨损模型；进行了低温微量润滑高速铣削300M钢已加工表面形成特征的研究，建立了表面粗糙度的数学模型，总结了加工硬化和残余应力的分布规律。

1.3.2 微量润滑加工的解析建模研究现状

关于微量润滑加工分析建模的研究主要集中于切削力、切削温度和空气质量等方面，国内关于这方面的研究较少。

Ji和Liang等人[113-115]采用边界润滑理论和Jaegaer的移动和固定热源解法分析了微量润滑带来的润滑和冷却效应，建立了微量润滑车削加工下的切削力和切削温度的预测模型，并对微量润滑加工条件下的空气质量进行了分析建模研究。

Hadad和Sadeghi[116]采用解析法建立了微量润滑磨削加工工艺条件下的热分析模型，研究了微量润滑切削液的流量对磨削加工过程中冷却热转换系数之间的关系，并通过试验进行验证。

Li[117,118]通过解析建模的方法建立了切削液的流量、喷嘴方向以及喷嘴尺寸与冷却表面热转换系数之间的关系。分析了两种冷却方式下，冷却表面热对流系数的预测模型。结果表明：切削液施加在刀具后刀面与已加工表面之间的冷却效果比施加在切屑背面的冷却效果显著。

Yan等人[119]根据毛细管理论，建立了微量润滑渗透长度的数学模型。利用该模型研究了振动辅助加工中不同参数对润滑作用的影响，分析了刀具与工件之间微通道的时变尺寸。结果表明，充填长度主要取决于润滑剂的物理性能、切削参数和振动参数。根据试验结果，预测的毛细管上升值与试验结果吻合较好。

Bayat 等人[120]根据从数控代码中提取的功率特性和参数，估算出各节段的能耗，再将机床各部件的能耗相加，估算出总能耗。在常规（湿润滑）和微量润滑（MQL）条件下，测量并比较了铣削过程的能耗。通过对能耗估计值与试验结果的比较，验证了所提出的方法。

Sofyani[121]采用综合分析的方法对切削过程中产生的热量进行了评价，建立了分析模型，预测铣削过程中剪切区产生的热量和剪切面的热量分配。此外，还评估了金属加工液在传统大流量润滑、微量润滑和主轴冷却（TSC）策略中的传热系数。

1.4 微量润滑切削加工残余应力问题的提出

目前，通过对微量润滑加工技术的研究现状分析可以发现，大都局限于通过试验法定性分析微量润滑对切削性能的影响，如对切削力、切削温度、加工件表面粗糙度、刀具磨损、切屑形态等的影响。而对于微量润滑技术的加工机理，以及微量润滑对切削性能的影响缺少系统科学的定量研究。特别是对微量润滑参数，如切削液流量、空气压力、油雾混合比等方面的定量分析研究比较少，也不够系统全面。

另外，针对目前微量润滑加工条件下残余应力方面的研究比较少，并且仅有的研究也只局限于试验定性分析，缺少从机理方面的定量研究。而加工件表面的残余应力对加工件质量来说至关重要，严重影响加工件的使用寿命。因此，需要从微量润滑的加工机理出发，建立微量润滑切削表面残余应力的预测模型，定量分析加工件表面残余应力随切削参数、刀具几何参数、材料性能及润滑条件变化的规律。综上所述，微量润滑切削表面残余应力的研究是微量润滑研究的一个必然趋势。

1.5 研究目的和主要内容

1.5.1 研究目的

本书的研究目的是建立微量润滑加工表面残余应力的预测模

型，揭示加工件表面残余应力随润滑条件变化的机理，并通过试验对预测模型进行验证。基于预测模型，对微量润滑加工表面残余应力进行敏感性分析，分析切削参数、刀具形状和润滑条件对加工件表面残余应力的影响。

1.5.2　主要内容

选取微量润滑切削表面残余应力作为研究对象，进行以下五方面的研究内容：

（1）微量润滑对切削模型摩擦特性的影响分析

比较微量润滑和传统大流量润滑两种润滑条件下切削介质的渗透机理，分别讨论微量润滑对切削过程的润滑和冷却效应。基于边界润滑模型，研究微量润滑条件下切屑和刀具界面以及刀具和工件表面的摩擦系数，从而计算由于微量润滑引起的摩擦力变化。基于强迫对流冷却模型，研究微量润滑对切削过程中传热系数的影响，从而预测切削过程中温度的变化。

（2）建立“热-力”耦合的切削力和切削温度预测模型

从两方面考虑“热-力”耦合。一是基于材料流动应力模型，建立“热-力”耦合的切削力和切削温度预测模型。在切削过程中，由于切削力产生切削热，根据 Johnson - Cook 流动应力模型，切削温度的变化又会导致材料流动应力发生变化，从而引起切削力的变化，切削力和切削温度如此耦合，实现了切削力和切削温度的动态平衡。二是利用耦合迭代的方法，将切削力和切削温度迭代求解，建立基于切削参数、刀具参数、材料性能以及微量润滑参数的切削力和切削温度预测模型。

（3）综合考虑“热-力”效应的微量润滑切削表面残余应力预测建模

根据微量润滑预测模型预测得到的切削温度和切削力，采用赫兹滚滑动接触模型，计算由于机械载荷和热载荷两方面作用下工件表面的应力分布。利用修正的 McDowell 混合算法考虑微量润滑切削过程中载荷大范围变化下材料发生的随动硬化，采用“热-弹-塑”增量塑性模型，预测加工件表面的残余应力分布。

（4）基于 AISI4130 合金钢直角车削试验的预测模型验证

对 AISI4130 合金钢进行干切削、微量润滑以及大流量润滑车削试验，测量试验过程中的切削力和切削温度以及工件表面的残余应力，分析不同切削条件对切削力、切削温度和残余应力的影响。比较预测值和试验测量结果，从而验证微量润滑的切削力、切削温度和残余应力预测模型。

（5）微量润滑加工下切削性能的敏感性分析

基于试验验证的微量润滑预测模型，对微量润滑切削表面残余应力的可控性因子进行分析，研究微量润滑参数（如切削液流量和油雾混合比）、切削参数（切削速度、进给量和切削宽度）以及刀具参数（刀具前角和刀尖圆角半径）对切削力、切削温度和残余应力（最大残余压应力和平均残余应力）的影响。

参 考 文 献

[1] FIELD M，KAHLES J F. The Surface Integrity of Machined and Ground High - Strength Steels [J]. In：Defense Metals Information Center Report，Columbus，OH，1964：54 - 77.

[2] 丁稳稳，高晓龙，刘晶．残余应力检测方法研究现状 [J]. 宝鸡文理学院学报（自然科学版），2022，42（1）：103 - 108.

[3] 王楠，罗岚，刘勇，等．金属构件残余应力测量技术进展 [J]. 仪器仪表学报，2017，38（10）：2508 - 2517.

[4] 张松，李斌训，李取浩，等．切削过程有限元仿真研究进展 [J]. 航空制造技术，2019，62（13）：14 -28.

[5] WANG S Q，LI J G，HE C L，et al. An Analytical Model of Residual Stress in Orthogonal Cutting Based on the Radial Return Method [J]. Journal of Materials Processing Technology，2019，273：116234.

[6] JI X，LI B，LIANG S Y. Analysis of Thermal and Mechanical Effects on Residual Stress in Minimum Quantity Lubrication（MQL）Machining [J]．Journal of Mechanics，2018，34（1）：41 - 46.

[7] NIOSH. What You Need to Know About Occupational Expose to Metalworking Fluids [J]. DHHS（NIOSH）Publication：Cincinnati，OH，March 1998，No：98 - 116.

[8] THORNBURG J，LEITH D. Mist Generation During Metal Machining [J]. Journal

of Tribology, 2000, 122 (3): 544 - 549.
[9] 张涛，阮金锴，程巍. 切削液废水处理技术研究进展 [J]. 环境工程学报，2020，14 (9)：2362 - 2377.
[10] CHEN M, PENG R, ZHAO L F, et al. Effects of Minimum Quantity Lubrication Strategy with Internal Cooling Tool on Machining Performance in Turning of Nickel - based Superalloy GH4169 [J]. The International Journal of Advanced Manufacturing Technology, 2022, 118 (11): 3673 - 3689.
[11] AKHTAR W, LAZOGLU I, LIANG S Y. Prediction and Control of Residual Stress - based Distortions in the Machining of Aerospace Parts: A Review [J]. Journal of Manufacturing Process, 2022, 76: 106 - 122.
[12] JAWAHIR I S, SCHOOP J, KAYNAK Y' et al. Progress Toward Modeling and Optimization of Sustainable Machining Process [J]. Journal of Manufacturing Science and Engineering, 2020, 142: 110811.
[13] SHAO Y, FERGANI O, LI B, et al. Residual Stress Modeling in Minimum Quantity Lubrication Grinding [J]. The International Journal of Advanced Manufacturing Technology, 2016, 83 (5 - 8): 743 - 751.
[14] LUO Q. A Modified X - ray Diffraction Method to Measure Residual Normal and Shear Stresses of Machined Surfaces [J]. The International Journal of Advanced Manufacturing Technology, 2022, 119 (5): 3595 - 3606.
[15] ZHANG R, LI A, SONG X. Surface Quality Adjustment and Controlling Mechanism of Machined Surface Layer in Two - step Milling of Titanium Alloy [J]. The International Journal of Advanced Manufacturing Technology, 2022, 119 (3): 2691 -2707.
[16] JIANG H, WANG C, REN Z, et al. Comparative Analysis of Residual Stress and Dislocation Density of Machined Surface during Turning of High Strength Steel [J]. Procedia CIRP, 2021, 101 (15): 38 - 41.
[17] SCHAJER G S. Universal Calibration Constants for Strain Gauge Hole - Drilling Residual Stress Measurements [J]. Experimental Mechanics, 2022, 62 (2): 351 - 358.
[18] EBRAHIMI A, BAYAT M, NOROUZI E. Measurement of Residual Stress Using the Ultrasonic Method in Aluminum Welding: FE Analysis and Experimental Study [J]. Russian Journal of Nondestructive Testing, 2021, 57 (8): 669 - 678.
[19] CHAVAN A, SARGADE V. Surface Integrity of AISI52100 Steel during Hard Turning in Different Near - Dry Environments [J]. Advances in Materials Science

and Engineering，2020：1-13.

[20] MASMIATI N，SARHAN A A，HASSAN M，et al. Optimization of Cutting Conditions for Minimum Residual Stress，Cutting Force and Surface Roughness in End Milling of S50C Medium Carbon Steel [J]. Measurement，2016，86：253-265.

[21] KULECKI P，LICHAŃSKA E. The Effect of Powder Ball Milling on the Microstructure and Mechanical Properties of Sintered Fe-Cr-Mo-Mn-(Cu) Steel [J]. Powder Metallurgy Progress，2017，17 (2)：82-92.

[22] GUO W C，LI B，SHEN S，et al. An Empirical Model for Prediction of Residual Stress Based on Grinding Forces [J]. Materials Science Forum，2018，939：46-53.

[23] LING H，YANG C，FENG S. Predictive Model of Grinding Residual Stress for Linear Guideway Considering Straightening History [J]. International Journal of Mechanical Sciences，2020，176：105536.

[24] CLAU B，NESTLER A，SCHUBERT A，et al. Investigation of Surface Properties in Turn Milling of Particle-reinforced Aluminium Matrix Composites Using MCD-tipped Tools [J]. International Journal of Advanced Manufacturing Technology，2019，105 (143)：937-950.

[25] WU D，MATSUMOTO Y. The Effect of Hardness on Residual Stresses in Ortho-gonal Machining of AISI4340 Steel [J]. Journal of Engineering for Industry-Transactions of the ASME，1990，112 (3)：245-252.

[26] LIU C，BARASH M. Variables Governing Patterns of Mechanical Residual Stress in a Machined Surface [J]. Journal of Engineering for Industry，1982，104 (3)：257-264.

[27] LIU M，TAKAGI J，TSUKUDA A. Effect of Tool Nose Radius and Tool Wear on Residual Stress Distribution in Hard Turning of Bearing Steel [J]. Journal of Materials Processing Technology，2004，150 (3)：234-241.

[28] THIELE J，MELKOTE S N，PEASCOE R A，et al. Effect of Cutting-edge Geometry and Workpiece Hardness on Surface Residual Stresses in Finish Hard Turning of AISI52100 Steel [J]. Journal of Manufacturing Science and Engineering，2000，122 (4)：642-649.

[29] ARUNACHALAM R，MANNAN M，SPOWAGE A. Residual Stress and Surface Roughness When Facing Age Hardened Inconel718 with CBN and Ceramic Cutting Tools [J]. International Journal of Machine Tools and Manufacture，2004，44 (9)：879-887.

［30］ M' SAOUBI M，OUTEIRO J C，CHANGEUX B，et al. Residual Stress Analysis in Orthogonal Machining of Standard and Resulfurized AISI316L Steels [J]. Journal of Materials Processing Technology，1999，96（1）：225－233.

［31］ MANTLE，D ASPINWALL. Surface Integrity of a High Speed Milled Gamma Titanium Aluminide [J]. Journal of Materials Processing Technology，2001，118（1）：143－150.

［32］ 穆英娟，郭国强，胡蒙，等．贮箱壁板材料高速铣削加工表面质量试验分析 [J]. 工具技术，2018，52（5）：60－62.

［33］ CAPELLO E. Residual Stresses in Turning：Part Ⅰ：Influence of Process Parameters [J]. Journal of Materials Processing Technology，2005，160（2）：221－228.

［34］ 张亦良，黄惠茹，李想．车削加工残余应力分布规律的实验研究 [J]. 北京工业大学学报，2006，32（7）：582－584.

［35］ HUA J，SHIVPURI R，CHENG X M，et al. Effect of Feed Rate，Workpiece Hardness and Cutting Edge on Subsurface Residual Stress in the Hard Turning of Bearing Steel Using Chamfer＋ Hone Cutting Edge Geometry [J]. Materials Science and Engineering：A，2005，394（1）：238－248.

［36］ ATTANASIO A，CERETTI E，GELFI M，et al. Experimental Evaluation of Lubricant Influence on Residual Stress in Turning Operations [J]. International Journal of Machining and Machinability of Materials，2009，6（1－2）：106－119.

［37］ 覃孟扬，徐兰英，潘小莉，等．不锈钢纳米流体微量润滑车削实验研究 [J]. 机床与液压，2021，49（8）：42－45.

［38］ CHEN L，EL－WARDANY T，HARRIS W. Modelling the Effects of Flank Wear Land and Chip Formation on Residual Stresses [J]. CIRP Annals－Manufacturing Technology，2004，53（1）：95－98.

［39］ CALAMAZ M，COUPARD D，GIROT F. A New Material Model for 2D Numerical Simulation of Serrated Chip Formation When Machining Titanium Alloy Ti－6Al－4V [J]. International Journal of Machine Tools and Manufacture，2008，48（3－4）：275－288.

［40］ ÖZEL T，SIMA M，SRIVASTAVA A K，et al. Investigations on the Effects of Multi－layered Coated Inserts in Machining Ti－6Al－4V Alloy with Experiments and Finite Element Simulations [J]. CIRP Annals－Manufacturing Technology，2010，59（1）：77－82.

［41］ 黄志刚，柯映林，王立涛．金属切削加工的热力耦合模型及有限元模拟研究 [J]. 航

空学报，2004，25（3）：317－320.
[42] 王立涛．关于航空框类结构件铣削加工残余应力和变形机理的研究［D］．杭州：浙江大学，2003.
[43] 王立涛，柯映林，黄志刚，等．航空结构件铣削残余应力分布规律的研究［J］．航空学报，2003，24（3）：286－288.
[44] LIU H，XIE W，SUN Y，et al. Investigations on Micro－cutting Mechanism and Surface Quality of Carbon Fiber－reinforced Plastic Composites [J]. International Journal of Advanced Manufacturing Technology，2018，94：3655－3664.
[45] ZHANG X P，WU S F，LIU C R. In Hook Shaped Residual Stress：The Effect of Tool Ploughing，and the Analysis of the Mechanical and Thermal Effects [J]. Proceedings of the 2012 ASME International Manufacturing Science and Engineering Conference，MSEC 2012 June 4－8，2012，Notre Dame，IN，USA，277－286.
[46] ZHANG X P，WU S F，WANG H P，et al. Predicting the Effects of Cutting Parameters and Tool Geometry on Hard Turning Process Using Finite Element Method [J]. Journal of Manufacturing Science and Engineering，2011，133（4）：255－262.
[47] ARRAZOLA P J，ÖZEL T，UMBRELLO D，et al. Recent Advances in Modelling of Metal Machining Processes [J]. CIRP Annals－Manufacturing Technology，2013，62：695－718.
[48] MERWIN J，JOHNSON K L. An Analysis of Plastic Deformation in Rolling Contact [J]. Proceedings of the Institution of Mechanical Engineers，1963，177（1）：676－690.
[49] BARASH M，SCHOECH W. In Semi－Analytical Model of the Residual Stress Zone in Orthogonal Machining [J]. Proceedings of 11th International MTDR Confe－rence，Pergamon Press，London，1970.
[50] LIU C R，BARASH M M. The Mechanical State of the Sublayer of a Surface Gene－rated by Chip－Removal Process－Part 2：Cutting With a Tool With Flank Wear [J]. Journal of Engineering for Industry，1976，98：1202－1208.
[51] LIU C R，BARASH M M. The Mechanical State of the Sublayer of a Surface Gene－rated by Chip－Removal Process－Part 1：Cutting With a Sharp Tool [J]. Journal of Engineering for Industry，1976，98：1192－1197.
[52] FUH K H，WU C F. A Residual－stress Model for the Milling of Aluminum Alloy (2014－T6) [J]. Journal of Materials Processing Technology，1995，51（1）：87－105.

[53] JIANG Y, SEHITOGLU H. Rolling Contact Stress Analysis with the Application of a New Plasticity Model [J]. Wear, 1996, 191 (1-2): 35-44.

[54] McDOWELL D. An Approximate Algorithm for Elastic-plastic Two-dimensional Rolling/sliding Contact [J]. Wear, 1997, 211 (2): 237-246.

[55] UMBRELLO D, AMBROGIO G, FILICE L, et al. An ANN Approach for Predicting Subsurface Residual Stresses and the Desired Cutting Conditions during Hard Turning [J]. Journal of Materials Processing Technology, 2007, 189 (1-3): 143-152.

[56] OUTEIRO J C, EE K C, DILLON O W, et al. Some Observations on Comparing the Modelled and Measured Residual Stresses on the Machined Surface Induced by Orthogonal Cutting of AISI316L Steel [J]. Proceedings of the 9th CIRP International Workshop on Modelling of Machining Operations, Bled, Slovenia, 2006.

[57] ULUTAN D, ERDEM ALACA B, LAZOGLU I. Analytical Modelling of Residual Stresses in Machining [J]. Journal of Materials Processing Technology, 2007, 183 (1): 77-87.

[58] LAZOGLU I, ULUTAN D, ALACA B E, et al. An Enhanced Analytical Model for Residual Stress Prediction in Machining [J]. CIRP Annals - Manufacturing Technology, 2008, 57 (1): 81-84.

[59] LIANG S Y, SU J C. Residual Stress Modeling in Orthogonal Machining [J]. CIRP Annals-Manufacturing Technology, 2007, 56 (1): 65-68.

[60] LIANG S Y, HANNA C R, CHAO R M. Achieving Machining Residual Stresses Through Model - driven Planning of Process Parameters [J]. Transactions North American Manufacturing Research Institution of SME, 2008, 36: 445-452.

[61] SU J C, YOUNG K A, MA K, et al. Modeling of Residual Stresses in Milling [J]. The International Journal of Advanced Manufacturing Technology, 2013, 65: 717-733.

[62] MOUFKI A, MOLINARI A, DUDZINSKI D. Modelling of Orthogonal Cutting with a Temperature Dependent Friction Law [J]. Journal of the Mechanics and Physics of Solids, 1998, 46 (10): 2103-2138.

[63] TRIGGER K J, CHAO B T. An Analytical Evaluation of Metal - cutting Temperatures [J]. Transations of the ASME, 1951, 73: 57-68.

[64] BLOK H. Theoretical Study of Temperature Rise at Surfaces of Actual Contact under Oiliness Lubricating Conditions [J]. In Proceedings of General Discussion on

Lubrication, Part 2, 1937: 222 - 235.

[65] LOEWEN E, SHAW M. On the Analysis of Cutting Tool Temperatures [J]. Transactions of ASME, 1954, 76 (2): 217.

[66] CHAO B T, TRIGGER K J. Temperature Distribution at Tool - chip and Tool - work Interface in Metal Cutting [J]. Transactions of the ASME, 1958, 80 (1): 311 -320.

[67] RADULESCU R, KAPOOR S. An Analytical Model for Prediction of Tool Temperature Fields during Continuous and Interrupted Cutting [J]. Journal of Engineering for Industry, 1994, 116 (2): 135 -143.

[68] KOMANDURI R, HOU Z B. Thermal Modeling of the Metal Cutting Process - Part Ⅰ: Temperature Rise Distribution due to Shear Plane Heat Source [J]. International Journal of Mechanical Sciences, 2000, 42 (9): 1715 - 1752.

[69] KOMANDURI R, HOU Z B. Thermal Modeling of the Metal Cutting Process - Part Ⅱ: Temperature Rise Distribution due to Frictional Heat Source at the Tool - Chip Interface [J]. International Journal of Mechanical Sciences, 2001, 43 (1): 57 - 88.

[70] KOMANDURI R, HOU Z B. Thermal Modeling of the Metal Cutting Process - Part Ⅲ: Temperature Rise Distribution due to the Combined Effects of Shear Plane Heat Source and the tool - chip Interface Frictional Heat Source [J]. International Journal of Mechanical Sciences, 2001, 43 (1): 89 -107.

[71] HAHN R S. On the Temperature Developed at the Shear Plane in the Metal Cutting Process [J]. Proceedings of First US National Congress of Applied Mechanics, 1951: 661 - 666.

[72] HUANG Y, LIANG S Y. Modelling of the Cutting Temperature Distribution under the Tool Flank Wear Effect [J]. Proceedings of the Institution of Mechanical Engineers, Part C: Journal of Mechanical Engineering Science, 2003, 217 (11): 1195 -1208.

[73] LI K M, LIANG S Y. Modeling of Cutting Temperature in Near Dry Machining [J]. Journal of Manufacturing Science and Engineering, 2006, 128: 416 - 424.

[74] JI X, KANG Z, ZHANG X P, et al. A New Methodology to Validate the Cutting Temperature Theoretical Model in Super - Finish Hard Machining [J]. Advanced Science Letters, 2011, 4 (4 - 5): 1561 - 1565.

[75] MERCHANT M E. Mechanics of the Metal Cutting Process Ⅱ. Plasticity Conditions in Orthogonal Cutting [J]. Journal of Applied Physics, 1945, 16 (6):

318 - 324.

[76] MATSUMURA T, USUI E. Predictive Cutting Force Model in Complex - shaped End Milling Based on Minimum Cutting Energy [J]. International Journal of Machine Tools and Manufacture, 2010, 50 (5): 458 - 466.

[77] OXLEY P L B. The Mechanics of Machining: An Analytical Approach to Assessing Machinability [M]. New York: First Editon, Ellis Horwood Ltd, 1989.

[78] ADIBI - SEDEH A H, MADHAVAN V, BAHR B. Extension of Oxley's Analysis of Machining to Use Different Material Models [J]. Journal of Manufacturing Science and Engineering - Transactions of ASME, 2003, 125 (4): 656 - 666.

[79] LALWANI D, MEHTA N, JAIN P. Extension of Oxley's Predictive Machining Theory for Johnson and Cook Flow Stress Model [J]. Journal of Materials Processing Technology, 2009, 209 (12 - 13): 5305 - 5312.

[80] KARPAT Y, OZEL T. Predictive Analytical and Thermal Modeling of Orthogonal Cutting Process - Part Ⅰ: Predictions of Tool Forces, Stresses, and Temperature Distributions [J]. Journal of Manufacturing Science and Engineering - Transactions of ASME, 2006, 128 (2): 435 - 444.

[81] CHILDS T. Material Property Requirements for Modeling Metal Machining [J]. Journal de Physique (France) Ⅳ, 1997, 7: 1 - 6.

[82] FOLLANSBEE P, KOCKS U. A Constitutive Description of the Deformation of Copper Based on the Use of the Mechanical Threshold Stress as an Internal State Variable [J]. Acta Metallurgica, 1988, 36 (1): 81 - 93.

[83] LI K M, LIANG S Y. Modeling of Cutting Forces in Near Dry Machining Under Tool Wear Effect [J]. International Journal of Machine Tools and Manufacture, 2007, 47 (7 - 8): 1292 - 1301.

[84] WALDORF D J, DE VOR R E, KAPOOR S. A Slip - line Field for Ploughing during Orthogonal Cutting [J]. Journal of Manufacturing Science and Engineering, 1998, 120 (4): 693 - 698.

[85] DHAR N, ISIAM M, ISIAM S, et al. The Influence of Minimum Quantity of Lubrication (MQL) on Cutting Temperature, Chip and Dimensional Accuracy in Turning AISI1040 Steel [J]. Journal of Materials Processing Technology, 2006, 171 (1): 93 - 99.

[86] DHAR N, ISLAM M, ISLAM S, et al. An Experimental Investigation on Effect of Minimum Quantity Lubrication in Machining AISI1040 Steel [J]. International Journal of Machine Tools and Manufacture, 2007, 47 (5): 748 - 753.

[87] HWANG Y K, LEE C M. Surface Roughness and Cutting Force Prediction in MQL and Wet Turning Process of AISI 1045 Using Design of experiments [J]. Journal of Mechanical Science and Technology, 2010, 24 (8): 1669 - 1677.

[88] LIU Z Q, CAI X J, CHEN M, et al. Investigation of Cutting Force and Temperature of End - milling Ti - 6Al - 4V with Different Minimum Quantity Lubrication (MQL) Parameters [J]. Proceedings of the Institution of Mechanical Engineers Part B - Journal of Engineering Manufacture, 2011, 225 (B8): 1273 - 1279.

[89] CAI X J, LIU Z Q, CHEN M, et al. An Experimental Investigation on Effects of Minimum Quantity Lubrication Oil Supply Rate in High - speed end Milling of Ti - 6Al - 4V [J]. Proceedings of the Institution of Mechanical Engineers Part B - Journal of Engineering Manufacture, 2012, 226 (A11): 1784 - 1792.

[90] BIAN R, DING W, LIU S, et al. Research on High Performance Milling of Engineering Ceramics from the Perspective of Cutting Variables Setting [J]. Materials, 2019, 12 (1), 122.

[91] BIAN R, FERRARIS E, YANG Y F, et al. Experimental Investigation on Ductile Mode Micro - Milling of ZrO_2 Ceramics with Diamond - Coated End Mills [J]. Micromachines, 2018, 9 (3): 127.

[92] 戚宝运. 基于表面微织构刀具的钛合金绿色切削冷却润滑技术研究 [D]. 南京：南京航空航天大学，2011.

[93] 戚宝运，何宁，李亮，等. 低温微量润滑技术及其作用机理研究 [J]. 机械科学与技术，2010，29 (6)：826 - 831.

[94] 袁松梅，朱光远，王莉. 绿色切削微量润滑技术润滑剂特性研究进展 [J]. 机械工程学报，2017，53 (17)：131 - 140.

[95] 袁松梅，宋衡，路宜霖. 旋转超声钻削碳纤维复合材料钻削力和扭矩的研究 [J]. 航空制造技术，2017，60 (16)：96 - 102.

[96] 袁松梅，朱光远，刘思，等. 低温微量润滑技术喷嘴方位正交试验研究 [J]. 航空制造技术，2016，59 (10)：64 - 69.

[97] 严鲁涛，袁松梅，刘强. 绿色切削高强度钢的刀具磨损及切屑形态 [J]. 机械工程学报，2010，46 (9)：187 - 192.

[98] 刘明政，李长河，曹华军，等. 低温微量润滑加工技术研究进展与应用 [J]. 中国机械工程，2022，33 (5)：529 - 550.

[99] 王德祥，赵奇亮，张宇，等. 离子液体在微量润滑磨削界面的摩擦学机理研究 [J]. 中国机械工程，2022，33 (5)：560 - 568.

[100] JIA D Z, LI C H, ZHANG Y B, et al. Specific Energy and Surface Roughness of Minimum Quantity Lubrication Grinding Ni – Based Alloy with Mixed Vegetable Oil – based Nanofluids [J]. Precision Engineering, 2017, 50: 248 – 262.
[101] JIA D Z, LI C H, ZHANG Y B, et al. Experimental Evaluation of Surface Topographies of NMQL grinding ZrO_2 Ceramics Combining Multiangle Ultrasonic Vibration [J]. International Journal of Advanced Manufacturing Technology, 2019, 100: 457 – 473.
[102] 裴宏杰，李付，陈钰荧，等. 微量润滑系统的喷射雾化特性研究 [J]. 航空制造技术，2022，65 (7)：70 – 76.
[103] PEI H J, SHEN C G, HUANG J, et al. Flow Field Characteristics of the Wedge Zone Between a Major Flank and a Transient Surface [J]. The International Journal of Advanced Manufacturing Technology, 2017, 92 (9 – 12): 4253 – 4261.
[104] 杨简彰，王成勇，袁尧辉，等. 微量润滑复合增效技术及其应用研究进展 [J]. 中国机械工程，2022，33 (5)：506 – 528.
[105] 袁尧辉，王成勇，杨简彰，等. 微量润滑条件下 AlTiN 基涂层刀具与 S136 淬硬钢的摩擦学行为研究 [J]. 工具技术，2021，55 (9)：24 – 29.
[106] 梁赐乐，袁尧辉，王成勇，等. 微量润滑系统油雾调控及雾粒特性研究 [J]. 中国机械工程，2022，33 (5)：607 – 614.
[107] HUANG S, YAO W, HU J, et al. Tribological Performance and Lubrication Mechanism of Contact – Charged Electrostatic Spray Lubrication Technique [J]. Tribology Letters, 2015, 59 (2): 28.
[108] HUANG S, TAO L, WANG M, et al. Effects of Machining and Oil Mist Parameters on Electrostatic Minimum Quantity Lubrication – EMQL Turning Process [J]. International Journal of Precision Engineering and Manufacturing – Green Technology, 2018, 5 (2): 317 – 326.
[109] GUAN J J, XU X F, LI G, et al. Preparation and Tribological Properties of Inclusion Complex of β – cyclodextrin/dialkyl Pentasulfide as Additive in PEG – 600 Aqueous Solution [J]. Applied Surface Science, 2014, 289 (15): 400 – 406.
[110] 张慧萍，王尊晶，刘国梁. 低温微量润滑高速加工 300M 钢刀具磨损研究 [J]. 哈尔滨理工大学学报，2020，25 (3)：75 – 82.
[111] ZHANG H P, ZHANG Z S, ZHENG Z Y, et al. Tool Wear in High – Speed Turning Ultra – High Strength Steel Under Dry and CMQL Conditions [J]. Integrated Ferroelectrics, 2020, 206 (1): 122 –131.
[112] 张慧萍，任毅，薛富国，等. 低温微量润滑加工技术 [J]. 哈尔滨理工大学学报，

2019, 24 (2): 38 - 44.

[113] JI X, ZHANG X P, LIANG S Y. Predicting the Effects of Cutting Fluid on Machining Force, Temperature and Residual Stress Using Analytical Method [J]. International Journal of Computer Applications in Technology, 2016, 53: 135 - 141.

[114] JI X, LIANG S Y. Model - based Sensitivity Analysis of Machining - induced Residual Stress Under Minimum Quantity Lubrication [J]. Proceedings of the Institution of Mechanical Engineers Part B Journal of Engineering Manufacture, 2017, 231: 1528 - 1541.

[115] JI X, LI B Z, LIANG S Y. Analysis of Thermal and Mechanical Effects on Residual Stress in Minimum Quantity Lubrication (MQL) Machining [J]. Journal of Mechanics, 2018, 34: 41 - 46.

[116] HADAD M, SADEGHI B. Thermal Analysis of Minimum Quantity Lubrication - MQL Grinding Process [J]. International Journal of Machine Tools & Manufacture, 2012, 63: 1 - 15.

[117] LI X P. Study of the Jet - flow Rate of Cooling in Machining Part 1. Theoretical Analysis [J]. Journal of Materials Processing Technology, 1996, 62 (1): 149 - 156.

[118] LI X P. Study of the Jet - flow Rate of Cooling in Machining Part 2. Simulation Study [J]. Journal of Materials Processing Technology, 1996, 62 (1): 157 - 165.

[119] YAN L T, ZHANG Q J, YU J Z. Analytical Models for Oil Penetration and Experimental Study on Vibration Assisted Machining with Minimum Quantity Lubrication [J]. International Journal of Mechanical Ences, 2018, 148: 374 - 382.

[120] BAYAT M, ABOOTORABI M M. Comparison of Minimum Quantity Lubrication and Wet Milling Based on Energy Consumption Modeling [J]. Proceedings of the Institution of Mechanical Engineers, Part E: Journal of Process Mechanical Engineering, 2021, 235 (5): 1665 - 1675.

[121] SOFYANI A , SHARAF, MARINESCU, et al. Analytical Modeling of the Thermal Aspects of Metalworking Fluids in the Milling Process [J]. International Journal of Advanced Manufacturing Technology, 2017, 92: 3953 - 3966.

第 2 章　微量润滑对切削模型摩擦特性的影响分析

为了建立微量润滑条件下的切削力和切削温度预测模型，首先必须对微量润滑切削模型的摩擦特性进行分析。

在微量润滑切削加工过程中，极少量的切削液在压缩空气的作用下以喷射的方式作用在切削区域。一方面，由于微量润滑切削过程中的油雾混合物通过物理吸附或化学反应作用在刀具和切屑以及刀具与工件表面，形成很薄的边界润滑膜，能有效地减小摩擦系数，降低切削力，同时减少摩擦热的产生，从而产生间接冷却的效果；另一方面，由于微量润滑切削过程中的油雾混合物与加工表面进行对流换热，显著降低了切削区域的温度，对金属切削过程起到了直接冷却的作用（见图2－1）。下面从微量润滑的润滑效应和冷却效应两方面详细分析其对切削模型摩擦特性的影响。

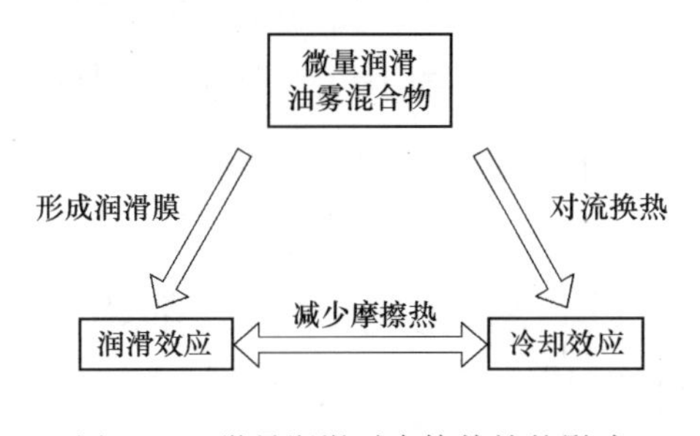

图 2－1　微量润滑对摩擦特性的影响

2.1　切削介质的渗透机理

在摩擦接触过程中，润滑剂一般是从较大空间通过摩擦表面的运动进入接触区的。由流体润滑理论可知，润滑剂由大空间进入较小空间的运动方向有助于形成具有静压力的“油楔”，可使两摩擦表面被油楔分开。同样，在金属切削加工过程中，切削液通过刀具和工件之间的摩擦运动进入刀具和切屑接触面以及刀具和工件接触面，从而形成油楔空间。但在实际切削加工过程中，切屑与工件相对于刀具运动的方向与切削液进入切削区的方向相反，因此阻碍了油楔的形成。为了研究切削介质对切削加工过程的影响，有必要对切削加工过程中切削介质的渗透机理进行研究。

关于金属切削加工过程中切削介质的渗透机理，目前存在以下三种假设：①切削介质通过金属晶格以元素扩散的方式进入切削区；②通过在切削介质中添加表面活性因素，促进切削介质进入切削区；③切削介质通过毛细管渗透到切削摩擦区[1,2]。下面具体分析传统大流量润滑切削加工和微量润滑切削加工过程中切削介质的渗透机理。

2.1.1 传统大流量润滑加工切削介质的渗透机理

由于切削加工过程中的摩擦表面具有高温、高速和高压的特点，切削介质很难进入切削加工区域。对于传统的大流量润滑加工，国内外研究学者针对切削介质的渗透机理进行了大量的研究，被普遍认同的观点之一是切削介质通过切削区域的毛细管作用渗透到摩擦区。Williams J. A. 和 Tabor D. 通过试验研究，提出了刀具和切屑摩擦区形成小长方体形状的毛细管的假设[3]。Godlevski V. A. 等人认为金属切削中摩擦区的毛细管为微小圆柱体[4]，刘俊岩通过用高速钢刀具刨削透明有机玻璃的试验，利用 CCD 计算机系统观察水蒸气作为切削介质在切削过程中的一系列变化，证实了 Godlevski V. A. 的假设，并且建立了切削液渗透切削区毛细管的动力学模型[5]。模型假设：刀具与切屑接触界面分布着大量毛细管，且毛细管沿着切屑流出的方向排列；单个毛细管是一端开口，另一端封闭的圆柱体，体内为真空，毛细管的长度约为刀具与切屑接触长度的 1/3～2/3，半径 r 为几至十几微米。单个毛细管有一定的存在时间 t_{cell}，t_{cell} 取决于切屑的流动速度 v_c，并且 $t_{cell} = L_{cell}/v_c$，其中 L_{cell} 为毛细管的长度。

刘俊岩在 Godlevski V. A. 的研究基础上，发现在传统大流量润滑切削加工过程中，切削液渗透到刀具与切屑以及刀具与工件接触表面间的毛细管的过程可分为 3 个阶段：①液相渗入阶段；②液滴蒸发阶段；③气相填充阶段。每个阶段切削液的状态以及填充毛细管的时间都不一样，如图 2－2 所示。其中，图 2－2（a）所示为液相渗入阶段，L_f 为液相渗入的长度，此阶段毛细管通过虹吸作用吸入切削液。设液相渗入时间为 t_l，也就是液相在毛细管内被加热的时间。由于切削热的传导，切削液渗透入毛细管一段距离后，渗入的切削液由于吸收了切削热，内部能量迅速增加，压力增大，体积膨胀变成蒸气，即液滴蒸发，如图 2－2（b）所示。这时，由于毛细管内压力增大，毛细管入口处的切削液无法进入毛细管，毛细管内部的切削液发生相变，完全转化为气相并继续填充毛细管，如图 2－2（c）所示，其中 L_g 为气相填充长度，气相填充时间为 t_g。切削液渗透毛细管的总时间为 $t_{total}=t_l+t_g$，当切削液渗透毛细管的总时间少于毛细管的存在时间 t_{cell} 时，渗透到毛细管的切削液就不能形成润滑膜。因此，切削介质渗透毛细管的总时间直接影响了切削介质的渗透和润滑效果。由以上分析可知，切削液的状态直接影响了切削液的润滑效果。

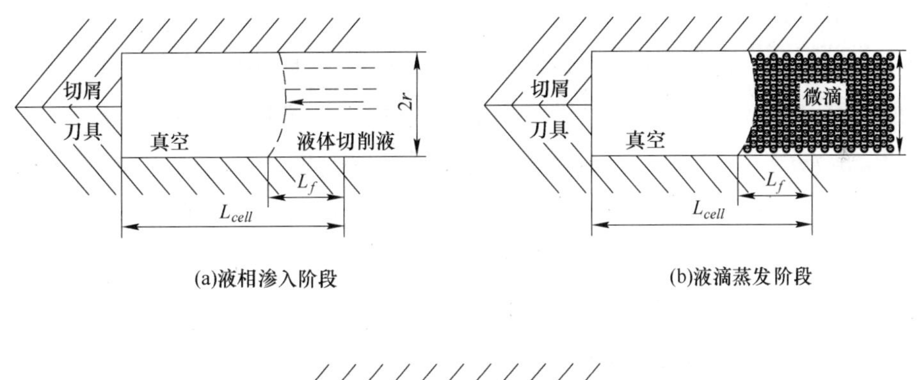

(a)液相渗入阶段　　(b)液滴蒸发阶段

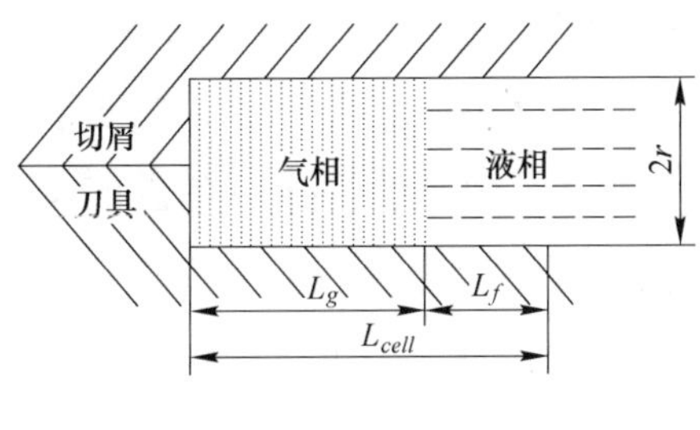

(c)气相填充阶段

图 2－2　大流量润滑切削介质渗透过程

2.1.2　微量润滑加工切削介质的渗透机理

不同于传统大流量润滑切削加工，在微量润滑切削加工过程中，极少量的切削液在压缩空气的作用下喷射到切削区域，油雾混合物以气液两相的形式透过毛细管渗透到刀具和切屑以及刀具与工件接触表面。与传统大流量润滑切削加工相比，微量润滑切削加工的油雾混合物不需要经过液相渗入和液滴蒸发阶段，可直接通过气相填充的方式进入毛细管，如图 2-3 所示。

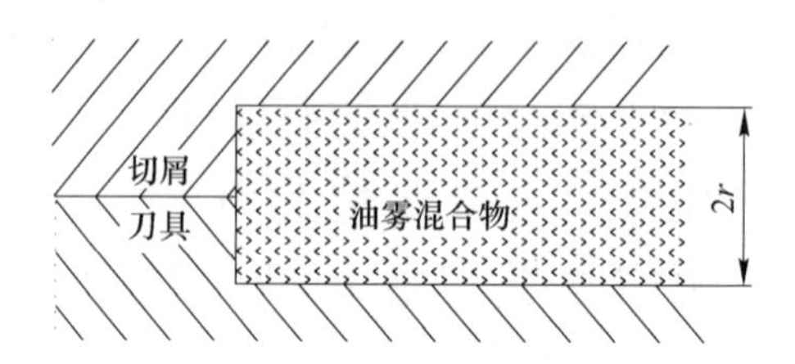

图 2-3　微量润滑油雾混合渗透模型

由 2.1.1 节对切削介质渗透机理的分析可知，切削介质渗透毛细管的时间必须少于毛细管的存在时间。因此，评估微量润滑切削加工过程中油雾混合物的润滑作用的一个重要参数就是油雾混合物填充毛细管的速度。油雾混合物填充毛细管的速度可由一维不定常气体动力学动量方程和能量方程确定。对于微量润滑切削加工，油雾混合物填充毛细管的总时间为 $t_{total}=t_g$， 而毛细管的存在时间为 $t_{cell}=L_{cell}/v_c$ 。其中，L_{cell} 为毛细管的长度，v_c 为切屑流动速度。考虑摩擦和加热影响作用下的一维定常流动动量方程为

$$\rho_g\frac{\partial v_g}{\partial t}+\rho_g v_g\frac{\partial v_g}{\partial x}+\frac{\partial p_g}{\partial x}=-\rho_g v_g^2\frac{fb}{2r} \tag{2-1}$$

式中，ρ_g 为油雾混合物的密度；$\partial v_g/\partial t$ 为油雾混合物填充毛细管的速度变化率；$\partial v_g/\partial x$ 为油雾混合物填充毛细管的速度梯度；f 为摩擦因子；b 为截面形状因子，对于圆柱横截面，$b=2$。

考虑到油雾混合物进入毛细管过程中的受热影响，可得油雾混合物填充毛细管的能量方程为

$$\frac{\partial}{\partial t}\left[\rho_g\left(e+\frac{v_g^2}{2}\right)\right]A\mathrm{d}x+\frac{\partial}{\partial x}\left[\rho_g v_g A\left(e+\frac{v_g^2}{2}\right)\right]\mathrm{d}x+\frac{\partial}{\partial x}(p_g v_g A)\mathrm{d}x=\delta\dot{Q} \tag{2-2}$$

式中，e 为单位质量油雾混合物的内能，可表示为压缩空气压力和油雾混合物密度的函数；A 为油雾混合物填充毛细管的微小单元体截面面积。

假设油雾混合物在毛细管中的密度保持不变，式（2－2）可改写为

$$v_g \frac{\partial v_g}{\partial t}\rho_g A\,\mathrm{d}x + \frac{\partial v_g}{\partial x}\left(e + \frac{3}{2}v_g^2 + \frac{p_g}{\rho_g}\right)\rho_g A\,\mathrm{d}x + v_g \frac{\partial p_g}{\partial x}A\,\mathrm{d}x = \delta\dot{Q} \tag{2-3}$$

由式（2－2）和式（2－3）联合，可得油雾混合物在毛细管中的流动速度为

$$v_g = \sqrt{\frac{\dfrac{p_g}{\rho_g L_{cell}} + \dfrac{e}{L_{cell}} - \alpha 2\pi r L_{cell}\Delta T}{\dfrac{fb}{2r} - \dfrac{1}{2L_{cell}}}} \tag{2-4}$$

式中，α 为油雾混合物液滴与油雾混合蒸气间的传热系数，由油雾混合物的热物理参数和油雾液体尺寸获得。

以水蒸气作为切削介质为例[5]，通过比较水冷却和蒸气冷却发现，水蒸气射流填充毛细管的时间比水小一个数量级，明显短于毛细管的存在时间。因此，在同样的切削参数下，微量润滑切削加工环境下切削介质的渗透效果明显优于传统大流量润滑切削加工，这就是微量润滑的润滑效果可以达到甚至超过传统大流量润滑切削加工的原因。

2.2　微量润滑的润滑效果

2.2.1　微量润滑的润滑机理

根据 2.1.2 节的分析可知，在微量润滑切削加工过程中，油雾混合物以气液两相的方式通过喷嘴喷射到切削加工区域。一方面，油雾混合物在虹吸的作用下进入摩擦界面的毛细管中，从而形成润滑膜，使两金属接触面分开，达到润滑的效果。但受摩擦和切削热的影响，油雾混合物进入毛细管后压力变大，当增大到一定程度时，毛细管破裂，造成两金属表面直接接触[6]。另一方面，由于微量润滑切削加工过程中的切削液用量很少，约为传统湿式加工的万分之一，因此在摩擦接触表面不能形成完整的润滑膜，所以微量润滑切削加工过程中润滑膜多以边界润滑的形式存在[7]。

根据已有的对微量润滑切削加工的研究发现，微量润滑切削条件下的润滑效果可以达到甚至超过传统湿式加工。主要是因为：

1）传统大流量润滑加工虽然使用了大量切削液，但因为其流速低、压力小，实际进入高温、高压切削区域的切削液很少，大部分仅对周边起到冷却作用，切削液的利用率不高。另外，切削区域由于塑性变形及摩擦效应，切削温度急剧上升，刀尖处气体受热膨胀，从而阻止切削液进入刀具和切屑接触界面以及刀具和已加工表面接触区域，影响切削液的润滑效果。在微量润滑条件下，极少量的油雾混合物在高速、高压下形成微小雾粒喷射到切削区域。由于油雾颗粒尺寸小、速度快，并且喷嘴位置可调节，因此比较容易渗透到刀具和切屑接触界面以及刀具和已加工表面接触区域，其切削液利用率较高。

2）由于微量润滑条件下的切削液极少，并且刀具和切屑界面以及刀具和已加工表面存在黏结以及微观粗糙点接触，因此在刀具和切屑接触面、刀具和工件接触面无法形成完整的油雾润滑膜，大多数情况下只能以边界润滑的状态存在。由边界润滑条件分析，并不是说切削液越多润滑的效果越好，而是存在一定的最适量值范围。该量值范围与切削液的性质、摩擦副的材料属性、表面粗糙度等因素有关，最大量为充满摩擦副接触区间隙峰谷时的值[8]。切屑沿前刀面流出时，与前刀面之间存在着微小间隙，充满该间隙峰谷所需切削液的量并不多，远远低于传统大流量润滑加工过程中切削液的用量。

3）在切削过程中，刀具和切屑接触面以及刀具和工件接触面产生剧烈摩擦，由于挤压和摩擦使接触面处于激发状态，同时产生高能电子。油雾混合物中的氧气通过加热分离出氧，在金属表面的高能电子作用下与金属物质通过化学作用产生氧化膜，这也提高了润滑的效果。

2.2.2 微量润滑条件下的摩擦系数确定

由于微量润滑切削加工中的切削液用量极少，因此在刀具和切屑接触区域以及刀具和已加工表面接触区域无法形成完整的润滑膜，润滑膜大都以边界润滑的状态形式存在。因此，边界润滑模型更适合用来预测微量润滑条件下的摩擦系数。

以刀具和切屑接触面的摩擦为例，在切削过程中，当两摩擦表面承受载荷后，一部分粗糙点因接触压力过大导致边界润滑膜破裂，两金属表面直接接触，如图 2－4 中的 A 区域所示。图 2－4 中 B 区域表示以边界润滑为主的承载区域。C 区域为粗糙峰点之间形成的润滑液区，此处由于两金属表面的边界薄膜彼此不接触，所以基本不承受载荷。边界润滑膜的厚度为 t_b ，法向载荷由金属接触面积 A_{ms} 和吸收润滑膜的接触面积 A_{bs} 所承载。金属接触区域的接触应力为 p_m（或者称为表面硬度）。吸收润滑膜区域的接触应力随吸收润滑膜接触面积的变化而变化，近似等于润滑膜接触区与金属接触区交界处的屈服应力。而吸收润滑膜以外的区域（如图 2－4 所示的 C 区域）被认为不承受载荷。因此，吸收润滑膜区域的平均接触应力 p_b 近似认为是常数 C_2p_m（其中，$0 < C_2 < 1$）。

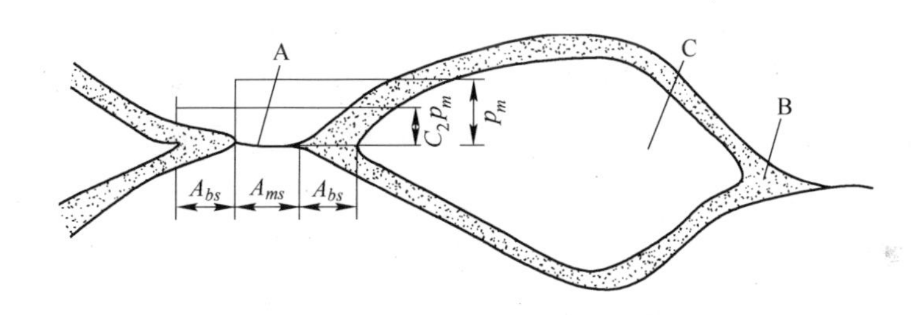

图 2－4　边界润滑模型

如图 2－4 所示，定义金属接触区域的总面积为 A_{ms} ，吸收润滑膜的接触区域总面积为 A_{bs}， 由这些面积所承受的法向载荷 N 可表示为

$$N = p_m A_{ms} + p_b A_{bs} \tag{2-5}$$

金属接触区域和吸收润滑膜区域的剪切强度分别表示为 s_m 和 s_b 。因此，摩擦力可表示为

$$F = s_m A_{ms} + s_b A_{bs} \tag{2-6}$$

摩擦系数可由式（2－7）求得

$$\mu = \frac{s_m A_{ms} + s_b A_{bs}}{p_m A_{ms} + p_b A_{bs}} \tag{2-7}$$

现定义

$$C_1=\frac{s_m}{p_m},\ C_2=\frac{p_b}{p_m},\ C_3=\frac{s_b}{p_b} \tag{2-8}$$

因此，摩擦系数可表示为

$$\mu=\frac{C_1A_{ms}+C_2C_3A_{bs}}{A_{ms}+C_2A_{bs}} \tag{2-9}$$

从上面的分析可以看出，接触区域面积 A_{ms} 和 A_{bs} 可根据粗糙点分布状态以及金属接触区域和吸收润滑膜区域的特性求出，从而可根据式（2-9）求出摩擦系数。因此，有必要求出接触面的粗糙点分布。

现定义，粗糙点分布函数为整个接触长度上间隔为 x 的粗糙点个数 n 与总粗糙点个数 n_0 之比，用一个关于粗糙点高度 H_{max} 和间隔 x 的函数表示为

$$\phi=\frac{n}{n_0}=f\left(\frac{x}{H_{max}}\right) \tag{2-10}$$

根据 Matlak 和 Komvopoulos[9] 的试验研究发现，粗糙点分布函数与 x/H_{max} 成正比，因此，分布函数又可表示为

$$\phi=\frac{Dx}{H_{max}} \tag{2-11}$$

式中，D 为粗糙点分布函数的系数。根据之前的研究，粗糙点个数可根据式（2-12）求出

$$n=\frac{n_0D^2a_s^2}{H_{max}^2} \tag{2-12}$$

式中，a_s 为金属接触区域与吸收润滑膜区域的临界区面积。根据 Kragelskii[10] 提出的接触模型，金属接触区域的面积 A_{ms} 和吸收润滑膜的区域面积 A_{bs} 可分别由式（2-13）和式（2-14）求出

$$A_{ms}=\frac{\pi Rn_0D^2a_s^3}{6H_{max}^2} \tag{2-13}$$

$$A_{bs}=\frac{\pi Rn_0D^2[(a_s+t_b)^3-a_s^3]}{6H_{max}^2} \tag{2-14}$$

在上述公式中，假设粗糙点末端为一球面，半径为 R ，润滑膜的厚度为 t_b 。

将式（2-13）和式（2-14）代入式（2-5），可得到一个三次

方程式，用来预测 a_s

$$a_s^3 + 3C_2 t_b a_s^2 + 3C_2 t_b^2 a_s + \left(C_2 t_b^3 - \frac{N}{p_m Q}\right) = 0 \qquad (2-15)$$

其中

$$Q = \frac{\pi R n_0 D^2}{6H_{\max}^2} \qquad (2-16)$$

由式（2-8）、式（2-13）和式（2-14），摩擦系数表示为

$$\mu = \frac{C_1 a_s^3 + C_2 C_3 [(a_s + t_b)^3 - a_s^3]}{a_s^3 + C_2 [(a_s + t_b)^3 - a_s^3]} \qquad (2-17)$$

式中，t_b 为润滑膜的厚度。当 $t_b=0$ 时，由式（2-16）可得 $\mu=C_1$。因此，系数 C_1 表示干切削条件下的摩擦系数，可根据干切削预测模型求得。C_2、C_3 则取决于润滑条件和润滑液的性能。在本研究边界润滑状态下，将 C_2 假设为 0.5。式（2-15）中 N 的初始值可根据干切削条件下预测得到的刀具和切屑界面的正压力得到。粗糙点末端半径 R 以及粗糙点的高度 $H_{\max}$ 可通过试验测量得到。润滑膜的厚度 t_b 取决于润滑条件。在本研究中，假设微量润滑膜的厚度 t_b 与切削液的流量成正比，其比例系数通过试验测量结果来确定。

根据上述模型预测得到的微量润滑条件下的摩擦系数来预测微量润滑条件下的切削力，详细预测方法将在第 3 章中介绍。

2.3　微量润滑的冷却效果

2.3.1　微量润滑的冷却机理

对微量润滑切削加工过程中的冷却主要考虑两方面。一是由于切削加工过程中，油雾混合物在高压、高速的作用下被喷射到切削区域，当油雾混合颗粒遇到高温的金属接触表面，形成汽化中心，油雾混合物气液两相迅速沸腾、汽化带走部分热量。由于在切削过程中，由喷嘴射向切削区的气液两相雾化颗粒不断冲击高温金属面，从而形成强迫对流换热，对加工件产生直接冷却的效果。二是油雾混合物的润滑效果可以有效减小摩擦力，从而产生的摩擦热也会减少，对加工件产生间接冷却的效果。

微量润滑条件下的冷却作用主要取决于油雾混合物本身的导热

性能，如热导率、比热容、散热系数、汽化热、汽化速度和它对金属表面的润湿性能等。另外，油雾混合比、油雾混合物的供给方式，包括压力、流量和流速等对冷却效果也有很大的影响。下面详细介绍微量润滑条件下传热系数的计算方法。

2.3.2 微量润滑条件下的传热系数确定

在本书的分析过程中，一方面，微量润滑油雾混合物在压缩空气的载送下通过喷嘴施加在后刀面和已加工表面之间，如图 2－5 所示。后刀面和已加工表面之间可看作一个热源散失影响区域，建立图2－5所示的坐标系。在金属切削过程中，由于微量润滑引起的热源散失相对于工件上任一点可看作移动热源，其散热密度可根据式（2－18）求出

$$q_{hl}=\overline{h}(T_{flank}-T_{w}) \tag{2-18}$$

式中，$\overline{h}$ 为平均对流传热系数；T_{flank} 为后刀面温度；T_{w} 为环境温度，在本书中假设为 20℃。

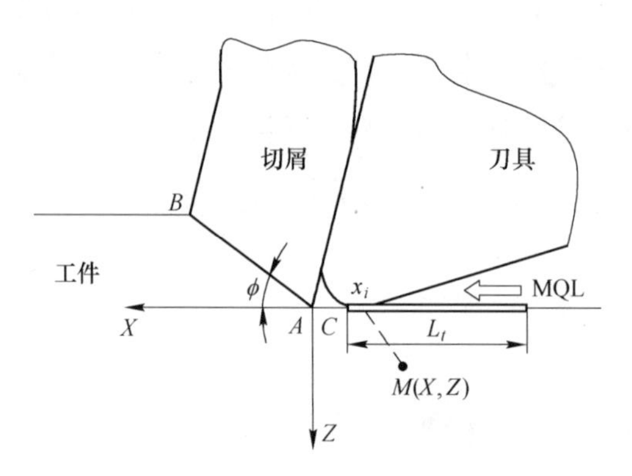

图 2－5　微量润滑热源散失示意图

如图 2－5 所示，由于微量润滑油雾混合物在压缩空气的作用下喷射到后刀面和已加工表面之间，因此油雾混合物和加工件之间可看作强迫对流冷却，其散热密度计算公式（2－18）中的平均对流传热系数可由努塞尔数求得

$$\overline{Nu}=\frac{\overline{h}L_{eff}}{k_{air}}=0.664\,Pr^{1/3}\,Re^{1/2} \tag{2-19}$$

式中，L_{eff} 为有效冷却长度；k_{air} 为空气传热系数；Pr 为普朗特数；

Re 为雷诺数。在微量润滑切削加工中，油雾混合物中的切削液含量和空气含量之比一般都很小。在本书中，润滑油的含量和空气流量之比为 1∶50。因此，普朗特数 Pr 和雷诺数 Re 可根据压缩空气的材料性能参数估计求得。

另一方面，在微量润滑加工过程中，由于油雾混合物是在压缩空气的载送下由喷嘴喷射到切削区域的，因此有必要判断压缩的油雾混合物在通过微量润滑喷嘴时是否发生了壅塞现象。在本试验中，喷嘴的直径尺寸为 0.762 mm。根据 Munson 等人[11]的研究，可由以下公式判断油雾混合物在喷嘴输出口是否发生壅塞现象

$$\frac{p^*}{p_{stg}}=\left(\frac{2}{1+\zeta}\right)^{\zeta/(\zeta-1)}\text{（对空气来说，}\zeta=1.4\text{）} \tag{2-20}$$

式中，ζ 为气体热容比，也称为绝热指数。在本分析中，取空气的热容比为 1.4。p_{stg} 为滞止空气压力，p^* 为临界空气压力，根据式（2-20）可算出发生壅塞现象时的临界空气压力。如果喷嘴出口处的空气压力低于临界空气压力 p^*，认为发生了壅塞现象，此时马赫数为 1。如果不考虑油雾混合物在压缩空气的输送下由喷嘴喷射时的壅塞现象，喷嘴口气体流的压力、密度、温度和速度可由以下公式求出

$$\frac{p}{p_{stg}}=\left\{\frac{1}{1+[(\zeta-1)/2]Ma^2}\right\}^{\zeta/(\zeta-1)} \tag{2-21}$$

$$\frac{\rho}{\rho_{stg}}=\left\{\frac{1}{1+[(\zeta-1)/2]Ma^2}\right\}^{1/(\zeta-1)} \tag{2-22}$$

$$\frac{T}{T_{stg}}=\frac{1}{1+[(\zeta-1)/2]Ma^2} \tag{2-23}$$

$$v=Ma\sqrt{RT\zeta} \tag{2-24}$$

式中，R 为空气的比热容；Ma 为马赫数。

按上述方法求得的传热系数仅考虑了空气的冷却效果，然而，事实上切削液在加工过程中由于对流或沸腾也会产生冷却效果。因此，有必要考虑空气和切削液共同作用下的冷却效果。假设油雾混合冷却效果与空气流的冷却效果成正比，那么微量润滑条件下的有效传热系数为

$$\overline{h}_{eff}=\lambda\overline{h} \tag{2-25}$$

由于上述公式中的 λ 是用来补偿润滑油的冷却效果的，因此系数 λ 取决于油雾混合比的取值。在实际试验过程中，不同油雾混合比条件下应校正系数 λ 。

根据上述方法由式（2－18）预测得到的散热密度可用来计算由于微量润滑的冷却作用产生的温度变化，详细预测方法将在第 3 章 3.2 节切削温度预测建模部分介绍。

2.4 本章小结

本章主要介绍了微量润滑效果对切削模型摩擦特性的影响，主要从微量润滑的润滑效果和冷却效果两方面来分析讨论：

1）介绍了在切削加工过程中切削介质的渗透机理，比较了大流量润滑和微量润滑两种润滑条件下切削介质的渗透过程。

2）基于边界润滑理论，介绍了微量润滑条件下的润滑机理以及微量润滑条件下摩擦系数的计算方法，分析了微量润滑对切削过程中接触应力的影响。

3）基于强迫对流冷却模型，介绍了微量润滑加工中的冷却机理以及强迫对流冷却模型中传热系数的计算方法，分析了微量润滑对切削过程中热应力的影响。

参考文献

[1] 卞荣．基于低温微量润滑的 PH13－8Mo 高速铣削试验研究［D］. 南京：南京航空航天大学，2009.

[2] 张春燕．MQL 切削机理及其应用基础研究［D］. 镇江：江苏大学，2008.

[3] WILLIAMS J，TABOR D. The Role of Lubricants in Machining［J］. Wear，1977，43（3）：275－292.

[4] GODLEVSKI V A，VOLKOV A V，LATYSHEV V N，et al. The Kinetics of Lubricant Penetration Action during Machining［J］. Lubrication Science，1997，9（2）：127－140.

[5] 刘俊岩．水蒸气作绿色冷却润滑剂的作用机理及切削试验研究［D］. 哈尔滨：哈尔滨工业大学，2005.

[6] PEREIRA O，MARTIN－ALFONSO J E，RODRIGUEZ A，et al. Sustainability Analysis of Lubricant Oils for Minimum Quantity Lubrication Based on Their Tribo－Rheological Performance［J］. Journal of Cleaner Production，2017，164：1419－1429.

[7] WERDA S，DUCHOSAL A，GUEHBÆL LE QUILLIEC，et al. Effect of Minimum

Quantity Lubrication Strategies on Tribological Study of Simulated Machining Operation [J]. Mechanics and Industry, 2019, 20 (6): 624.

[8] 裴宏杰，李付，陈钰荧，等．微量润滑系统的喷射雾化特性研究 [J]. 航空制造技术，2022，65 (7)：70-76.

[9] MATLAK J, KOMVOPOULOS K. Friction Properties of Amorphous Carbon Ultrathin Films Deposited by Filtered Cathodic Vacuum Arc and Radio-frequency Sputtering [J]. Thin Solid Films, 2015, 579: 167-173.

[10] KRAGELSKII I V. Friction and Wear [M]. London: Butterworths, 1965.

[11] MUNSON B R, YOUNG D F, OKIISHI T H. Fundamentals of Fluid Mechanics [M]. New York: Wiley, 1990.

第3章　基于“热–力”耦合的切削力和切削温度预测建模

针对微量润滑对切削模型摩擦特性的影响分析，本章从润滑和冷却两方面考虑，详细介绍微量润滑对切削力和切削温度的影响。首先，在切削温度已知的情况下，介绍直角切削的切削力预测模型；其次，在切削力已知的情况下，介绍切削温度的预测模型；最后，建立微量润滑条件下的切削力和切削温度的耦合预测模型。与其他预测模型不同的是，该微量润滑预测模型不依赖于对试验切削温度或切削力的测量，可根据切削条件直接预测加工过程中的切削力和切削温度。

3.1　基于直角切削的切削力预测建模

首先，将切削温度作为已知条件，介绍直角切削的切削力预测建模。主要考虑两种切削力的来源：①由于被加工材料发生塑性剪切变形产生的切屑成形力；②由于刀尖圆弧与已加工表面接触产生的犁削力。下面详细介绍这两种切削力的预测模型。

3.1.1　切屑成形力预测建模

关于直角切削过程中的切削力建模研究最早是由M. E. Merchant提出的[1]。其基本思想是基于最小能量理论，金属切削时剪切面位于剪切能量最小的位置，由此确定剪切角。随后，Oxley[2]应用平面应变塑性理论，提出了主剪切面的滑移线场理论，考虑了Merchant模型所忽略的应变、应变率和温度对流动应力的影响。然而，Oxley预测模型中的应力建立的是关于温度变化率的函数，且预测模型中部分参数需要通过试验数据拟合确定。

基于Oxley的预测理论，结合Johnson – Cook流动应力模型，建立一个适用范围更广泛的，不依赖于切削试验，并且考虑材料流动应力随应变、应变率和温度变化的切削力解析预测模型。切屑成形力模型示意图如图 3－1 所示，其模型的基本假设如下：

1）假设切削过程处于稳定状态，并且没有积屑瘤产生，近似地认为是平面应变状态，即切削层中的塑性变形只发生在垂直于切削刃的平面内。

2）假设剪切面的第一剪切区是两个平行区域围成的狭长带，并将刀具和切屑界面的第二剪切区的厚度 ΔS_2 假设为常数，这一假设用来简化分析模型。

3）假设剪切面上的温度和应变为均匀分布。

4）C_{Oxley} 和 δ 为应变率常数，用来计算剪切区域和刀屑界面的应变率。C_{Oxley} 是剪切面的长度和第一剪切区域厚度 ΔS_1 之比（$C_{Oxley}=\frac{L_{AB}}{\Delta S_1}$），$\delta$ 是第二剪切区域厚度 ΔS_2 和切屑厚度 t_2 之比（$\delta=\frac{\Delta S_2}{t_2}$）。

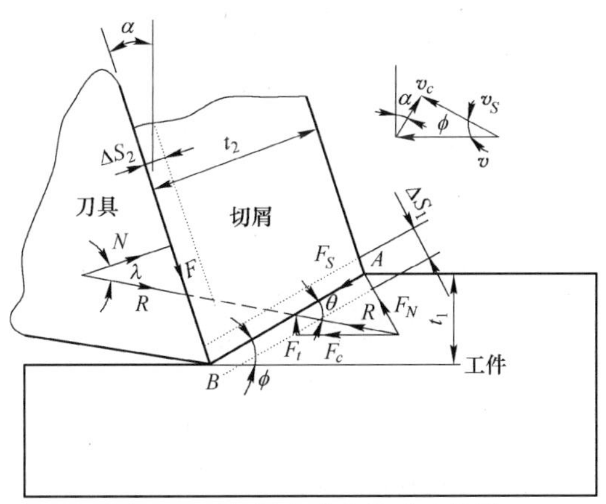

图 3－1　切屑成形力模型示意图

如图 3－1 所示，切屑成形力模型分析了剪切面 AB 和刀具与切屑界面的应力分布。一旦剪切角 ϕ 确定，切削力可通过剪切面和刀具与切屑界面的平衡方程求出。从而，切屑厚度 t_2 和其他切削力分量可通过式（3－1）求出

$$\begin{cases} t_2=t_1\cos(\phi-\alpha)/\sin\phi \\ F_c=R\cos(\lambda-\alpha) \\ F_t=R\sin(\lambda-\alpha) \\ F=R\sin\lambda \\ N=R\cos\lambda \\ R=\dfrac{F_S}{\cos\theta}=\dfrac{k_{AB}t_1w}{\sin\phi\cos\theta} \end{cases} \tag{3-1}$$

式中，k_{AB}为剪切面的流动应力；w 为切削宽度。

由于切削加工是一个伴随着高温、高压、高应变率的塑性大变形过程，文中采用 Johnson－Cook 流动应力模型来预测金属切削过程中的流动应力，将流动应力建立为随应变、应变率和温度变化的函数[3]。Johnson－Cook 流动应力的一般表达式为

$$\sigma = (A + B\varepsilon_p^n)\left(1 + C\ln\frac{\dot{\varepsilon}_p}{\dot{\varepsilon}_0}\right)\left[1 - \left(\frac{T - T_w}{T_m - T_w}\right)^m\right] \tag{3-2}$$

式中，σ 为有效应力；ε_p 为有效塑性应变；$\dot{\varepsilon}_p$ 为有效塑性应变率；$\dot{\varepsilon}_0$ 为参考应变率，通常取 $1\mathrm{s}^{-1}$；T 为当前温度值；T_m 为材料的熔点；T_w 为环境温度；A、B、C、m、n 分别为 Johnson－Cook 流动应力参数。

下面具体分析剪切面和刀具与切屑界面的应力、应变和温度分布：

（1）剪切面分析

由图 3－1 中的速度矢量关系图可以求出切屑速度和剪切面的流动速度为

$$v_c = \frac{\sin\phi}{\cos(\phi - \alpha)}v \tag{3-3}$$

$$v_s = \frac{\cos\alpha}{\cos(\phi - \alpha)}v \tag{3-4}$$

式中，v 为切削速度；v_c 为切屑速度；v_s 为剪切面的流动速度；α 为刀具前角；ϕ 为剪切角。

在剪切区内任取一质点，该质点在 X 和 Y 方向上的速度增量和位移增量分别表示为

$$\begin{cases} \Delta v_x = \dfrac{-v\cos\alpha\cos\phi}{\cos(\phi - \alpha)}, \quad \Delta v_y = \dfrac{v\cos\alpha\sin\phi}{\cos(\phi - \alpha)} \\ \Delta x = \dfrac{\Delta S_1}{\sin\phi}, \quad \Delta y = \dfrac{\Delta S_1}{\cos\phi} \end{cases} \tag{3-5}$$

剪切区域的平均剪应变率可通过流动速度表示为

$$\dot{\gamma}_{avg} = \sqrt{\left(\frac{\partial v_x}{\partial y} + \frac{\partial v_y}{\partial x}\right)^2 + 4\left(\frac{\partial v_x}{\partial x}\right)^2} \tag{3-6}$$

将式（3－5）代入式（3－6）中，可得

$$\dot{\gamma}_{avg}=\frac{v\cos\alpha}{\Delta S_1\cos(\phi-\alpha)} \tag{3-7}$$

根据 Von Mises 应力屈服准则，剪切面 AB 的等效应变率和等效应变分别表示为

$$\dot{\varepsilon}_{AB}=\frac{1}{\sqrt{3}}\frac{v\cos\alpha}{\Delta S_1\cos(\phi-\alpha)} \tag{3-8}$$

$$\varepsilon_{AB}=\frac{1}{2\sqrt{3}}\frac{\cos\alpha}{\sin\phi\cos(\phi-\alpha)} \tag{3-9}$$

剪切面 AB 的流动应力根据 Johnson－Cook 流动应力模型可表示为

$$k_{AB}=\frac{1}{\sqrt{3}}(A+B\varepsilon_{AB}^{n})\left(1+C\ln\frac{\dot{\varepsilon}_{AB}}{\dot{\varepsilon}_0}\right)\left[1-\left(\frac{T_{AB}-T_w}{T_m-T_w}\right)^m\right] \tag{3-10}$$

式中，k_{AB} 为剪切面的流动应力；ε_{AB} 为剪切面的有效塑性应变；$\dot{\varepsilon}_{AB}$ 为剪切面的有效塑性应变率；$\dot{\varepsilon}_0$ 为参考应变率，这里取 $1s^{-1}$；T_{AB} 为剪切面 AB 的温度；T_m 为材料的熔点；T_w 为环境温度，在本书中取 20℃；A、B、C、m、n 分别为 Johnson－Cook 流动应力参数。

求得剪切面的流动应力后，其余切削力分量可通过式（3－1）求出。其中，摩擦角可由式（3－11）计算

$$\lambda=\theta+\alpha-\phi \tag{3-11}$$

其摩擦系数根据摩擦角计算得到，$\mu=\tan\lambda$ 。

根据 Oxley 预测理论，图 3－1 中合力分量 R 和剪切面 AB 的夹角 θ 满足下列关系式

$$\tan\theta=1+2\left(\frac{\pi}{4}-\phi\right)-C_n \tag{3-12}$$

式中，参数 C_n 不同于 Oxley 预测理论中的定义，在本分析中结合 Johnson－Cook 流动应力模型考虑了材料应变的影响，可由式（3－13）求出

$$C_n=nC_{Oxley}\frac{B\varepsilon_{AB}^{n}}{A+B\varepsilon_{AB}^{n}} \tag{3-13}$$

剪切面 AB 的平均温度可由式（3－14）求得

$$T_{AB}=T_{w}+\eta\Delta T_{sz} \tag{3-14}$$

式中，η 是总剪切能转换为焓的百分比，在本分析中取 0.9，$(1-\eta)$ 是储存在已变形切屑中的潜能；ΔT_{sz} 是考虑材料塑性应变在第一变形区引起的温升，产生的剪切能为 $F_{s}v_{s}$ ，单位时间的切屑质量为 $m_{chip}=\rho_{wk}vt_{1}w$ 。因此，ΔT_{sz} 可由式（3－15）求出

$$\Delta T_{sz}=\frac{(1-\beta)F_{s}v_{s}}{m_{chip}c_{p}} \tag{3-15}$$

式中，c_{p} 为工件材料的比热容，可表示为温度的函数；β 为剪切区域热量分配系数，可由以下公式求出

$$\begin{cases}\beta=0.5-0.35\log_{10}(R_{T}\tan\phi),\ 0.004\leqslant R_{T}\tan\phi\leqslant 10\\ \beta=0.3-0.15\log_{10}(R_{T}\tan\phi),\ R_{T}\tan\phi>10\end{cases} \tag{3-16}$$

式中，R_{T} 是一个无量纲热系数，可由式（3－17）求得

$$R_{T}=\frac{\rho_{wk}c_{p}vt_{1}}{\kappa_{wk}} \tag{3-17}$$

式中，ρ_{wk} 为工件材料的密度；κ_{wk} 为工件材料的热导率，可表示为温度的函数。

图 3－1 中 B 点的正应力可结合 B 点的边界应力和 Johnson－Cook 流动应力模型求出

$$\sigma'_{N}=k_{AB}\left(1+\frac{\pi}{2}-2\alpha-2C_{n}\right) \tag{3-18}$$

（2）刀具与切屑界面分析

刀具与切屑界面的塑性区域可假设为厚度为常数的一个矩形塑性区域 $\Delta S_{1}=\delta t_{2}$。因此，刀具与切屑界面的有效塑性应变率可由下式求出

$$\dot{\varepsilon}_{int}=\frac{1}{\sqrt{3}}\frac{v_{C}}{\delta t_{2}} \tag{3-19}$$

刀具和切屑的接触长度根据剪切面的力矩平衡公式求出

$$h=\frac{t_{1}\sin\theta}{\cos\lambda\sin\phi}\left(1+\frac{C_{n}}{3\tan\theta}\right) \tag{3-20}$$

假设刀具和切屑界面的应力均匀分布，其应力由下式求出

$$\tau_{int}=\frac{F}{hw} \tag{3-21}$$

由刀具与切屑界面的应力分析可知，B 点的应力可由式（3－22）求出

$$\sigma_N=\frac{N}{hw} \tag{3-22}$$

刀具和切屑界面的平均温度表示为

$$T_{int}=T_w+\Delta T_{sz}+\Psi\Delta T_M \tag{3-23}$$

式中，ΔT_M 为刀屑界面切屑中的最大温升；Ψ 为修正系数，用来考虑刀屑界面的平均温度的影响。假设刀具和切屑界面的热源为一矩形区域，ΔT_M 由式（3－24）求得[4]

$$\log_{10}\left(\frac{\Delta T_M}{\Delta T_C}\right)=0.006-0.195\delta\sqrt{\frac{R_T t_2}{t_1}}+0.5\log_{10}\left(\frac{R_T t_2}{h}\right) \tag{3-24}$$

式中，ΔT_C 为切屑中的平均温升，由式（3－25）求出

$$\Delta T_C=\frac{F v_C}{m_{chip} c_p} \tag{3-25}$$

综上所述，切屑中的平均流动应力表示为

$$k_{chip}=\frac{1}{\sqrt{3}}(A+B\varepsilon_{int}^n)\left(1+C\ln\frac{\dot{\varepsilon}_{int}}{\dot{\varepsilon}_0}\right)\left[1-\left(\frac{T_{int}-T_w}{T_m-T_w}\right)^m\right] \tag{3-26}$$

式中，切屑中的有效应变 ε_{int} 由式（3－27）求得

$$\varepsilon_{int}=2\varepsilon_{AB}+\frac{1}{\sqrt{3}}\frac{h}{\delta t_2} \tag{3-27}$$

首要任务是确定切削模型中的三个重要参数：剪切角 ϕ、第一塑性变形区的应变率系数 C_{Oxley} 和第二变形区的应变率系数 δ。当刀屑界面的应力 τ_{int} 和切屑中的应力 k_{chip} 最接近时，取 ϕ 的最大值确定剪切角。当刀屑界面的正应力 σ_N 和 B 点的边界应力 σ_N 最接近时，确定第一塑性变形区的应变率系数 C_{Oxley}。根据切削力最小原则确定第二变形区的应变率系数 δ。直角切削的切屑成形力预测模型流程图如图 3－2 所示。

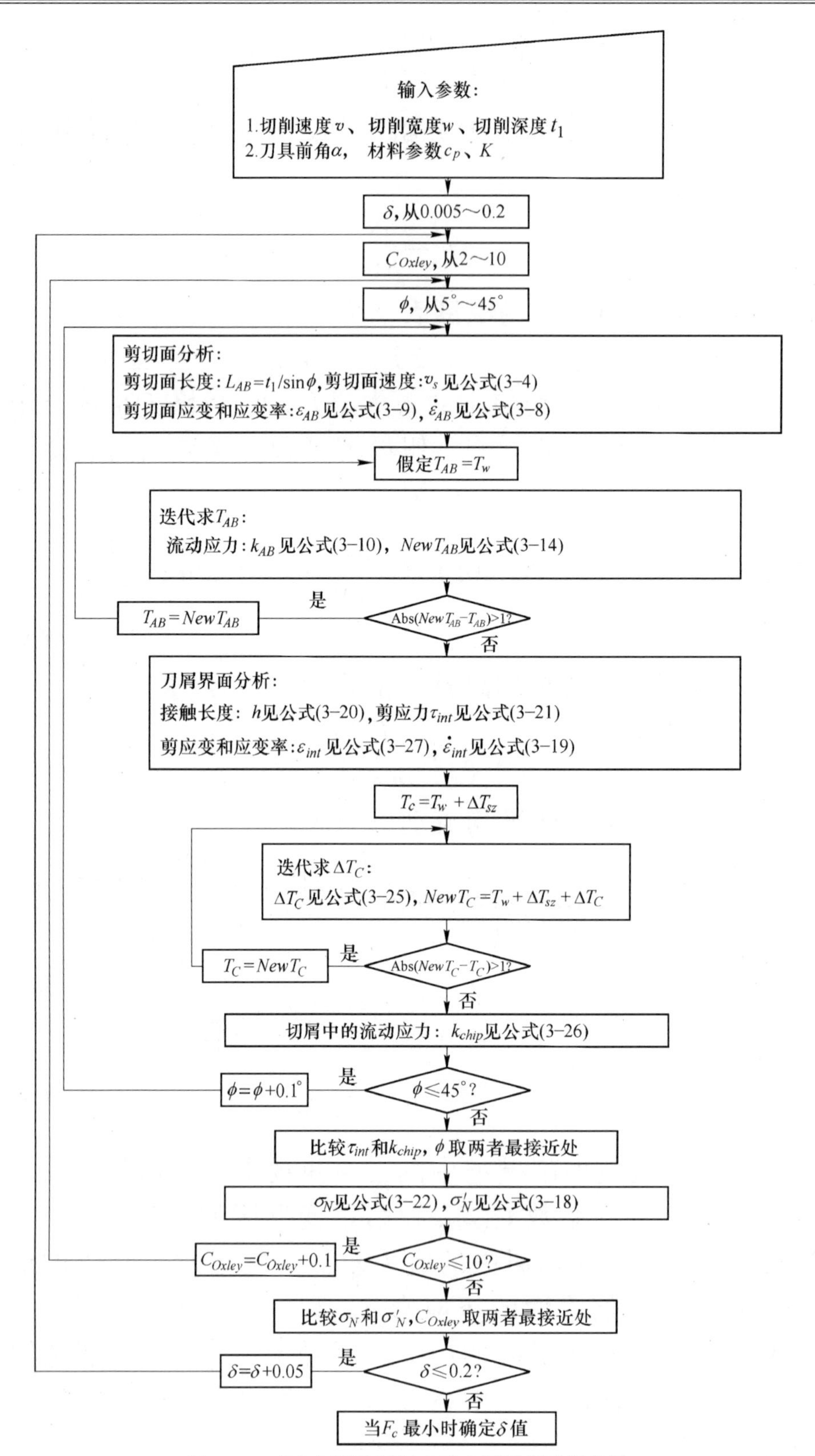

图 3-2 直角切削的切屑成形力预测模型流程图

该预测模型的输出变量包括剪切角 ϕ 、剪切面的流动应力 k_{AB} 、切削运动方向上的切削力 F_c 和垂直于已加工表面的切削力 F_t 。该预测模型仅适用于干切削加工，其摩擦角根据力平衡和材料属性求出。然而，对于有切削液的加工来说，若润滑系数已知，其摩擦角可根据润滑系数求出

$$\lambda = \arctan\mu \tag{3-28}$$

对于微量润滑切削加工来说，可根据第 2 章介绍的边界润滑模型预测微量润滑条件下的摩擦系数，将式（2－17）计算得到的结果代入式（3－28）计算微量润滑条件下的摩擦角，从而预测微量润滑条件下的切屑成形力。

3.1.2　犁削力预测建模

上述切屑成形力预测模型的建立假设了刀尖是完全锋利的，而实际加工过程中刀尖都有一定的圆弧半径。对于普通切削加工来说，刀尖圆弧作用产生的影响可以忽略。但对于精密切削来说，当切削深度与刀尖圆弧半径在同一数量级时，必须要考虑刀尖圆弧半径的影响。刀尖与已加工表面接触产生的力称为犁削力，国内外学者对于犁削力进行了大量的研究[5-11]。

采用 Waldorf[12]提出的犁削力模型来预测由于刀尖圆弧作用产生的犁削力。Waldorf 基于滑移线理论，提出了由于刀尖圆弧产生的犁削力的预测模型，其模型示意图如图 3－3 所示。

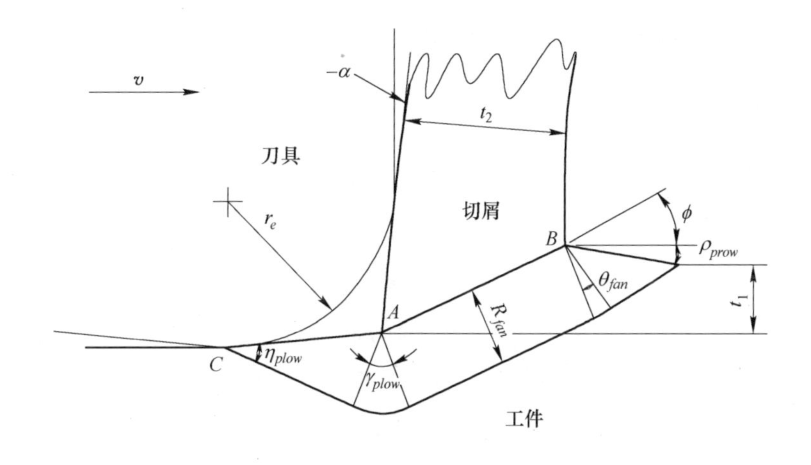

图 3－3　Waldorf 滑移线犁削力模型[12]

在图 3-3 中，r_e 指刀具刃口半径，α 是刀具前角，ϕ 是剪切角，t_1 指未变形切屑厚度。图中扇形区的角 θ_{fan}、γ_{plow} 和 η_{plow} 由几何和摩擦关系根据以下公式求出

$$\begin{cases}\theta_{fan}=\dfrac{\pi}{4}-\rho_{prow}-\phi \\ \gamma_{plow}=\eta_{plow}+\phi-\arcsin\left[\sqrt{2}\sin(\rho_{prow})\sin(\eta_{plow})\right] \\ \eta_{plow}=0.5\arccos(\mu_{plow})\end{cases} \tag{3-29}$$

式中，ρ_{prow} 为由于切削刃半径引起未加工凸起部分与水平面的夹角，如图 3-3 所示；μ_{plow} 为摩擦因子，本分析中假设为 0.99。这是一个合理的假设，因为在工件材料和切屑瘤接触部位，剪应力应该接近于切屑的流动应力。

R_{fan} 为扇形区的扇形半径，根据以下公式求得

$$R_{fan}=\sqrt{\left[r_e\tan\left(\frac{\pi}{4}+\frac{\alpha}{2}\right)+\frac{\sqrt{2}R_{fan}\sin\rho_{prow}}{\tan\left(\dfrac{\pi}{2}+\alpha\right)}\right]^2+2\left(R_{fan}\sin\rho_{prow}\right)^2\sin\eta_{plow}} \tag{3-30}$$

若已知切削剪切角 ϕ 和剪切面的流动应力 k_{AB}，犁削力可由公式（3-31）求出。其中，P_{cut} 是指切削方向上的犁削力，P_{thrust} 是指垂直于已加工表面方向的犁削力，w 指切削宽度。

$$\begin{cases}P_{cut}=k_{AB}w\begin{bmatrix}\cos(2\eta_{plow})\cos(\phi-\gamma_{plow}+\eta_{plow})+ \\ \left[1+2\theta_{fan}+2\gamma_{plow}+\sin(2\eta_{plow})\right]\sin(\phi-\gamma_{plow}+\eta_{plow})\end{bmatrix}CA \\ P_{thrust}=k_{AB}w\begin{bmatrix}\left[1+2\theta_{fan}+2\gamma_{plow}+\sin(2\eta_{plow})\right]\cos(\phi-\gamma_{plow}+\eta_{plow})- \\ \cos(2\eta_{plow})\sin(\phi-\gamma_{plow}+\eta_{plow})\end{bmatrix}CA\end{cases} \tag{3-31}$$

其中

$$CA=\frac{R_{fan}}{\sin\eta_{plow}} \tag{3-32}$$

在 Waldorf 犁削力模型中，ρ_{prow} 角的大小取决于刀尖圆弧半径。当刀尖圆弧半径较大时，ρ_{prow} 取 0°预测结果，和测量结果比较吻合；当刀尖圆弧半径较小时，ρ_{prow} 比较偏向于取较大值。在本书中，取 ρ_{prow} 为 10°，根据参考文献[12]来看，属于合理的取值范围。

综上所述，直角车削过程中的切削力为切屑成形力和犁削力的总和，表示为

$$\begin{cases} F_C = F_c + P_{cut} \\ F_T = F_t + P_{thrust} \end{cases} \tag{3-33}$$

3.2　切削温度预测建模

本书在 Komanduri 提出的温度预测模型基础上，同时考虑了剪切热源、刀屑摩擦热源、刀尖与已加工表面摩擦热源、微量润滑产生的热量散失，利用 Jaeger 移动和固定热源法，建立了切屑、刀具和工件之间的热平衡方程，其热源分布示意图如图 3－4 所示。

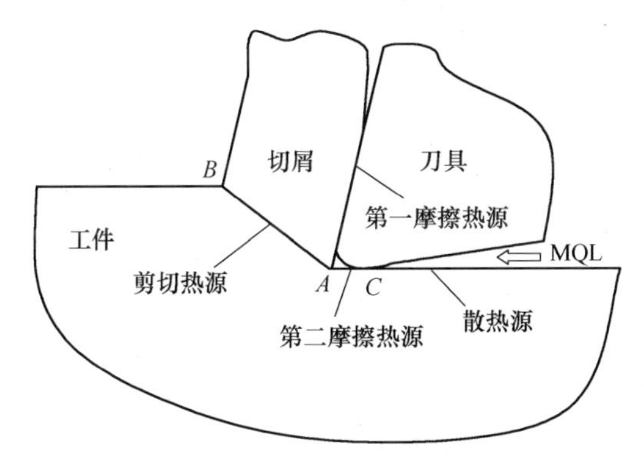

图 3－4　微量润滑加工热源分布示意图

3.2.1　工件温度预测建模

微量润滑条件下工件的温度变化主要考虑三个方面的热源：①由于剪切变形在剪切面上产生的剪切热源；②由于切削刃和已加工表面摩擦产生的第二摩擦热源；③由于微量润滑引起的散热源。对于工件上的任意一点，所有的热源都可看作移动热源。假设未加工工件表面为绝热边界，为满足这一假设条件，采用镜像热源法计算热源产生的温度变化。下面分别介绍由于这三种热源引起的工件温度的变化。

如图 3－5 所示，工件上一点 $M(X, Z)$ 由于剪切塑性变形产生的温度变化可看作是由剪切热源及其镜像热源的组合引起的。点 $M(X, Z)$的温度变化可由倾斜的移动剪切热源及其镜像热源计算得到

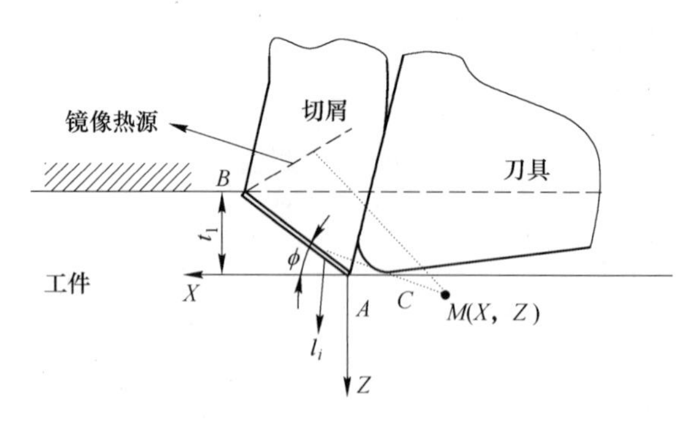

图 3－5　工件剪切热源示意图

$$\Delta T_{wk\text{-}shear}(X, Z) = \frac{q_{shear}}{2\pi\kappa_{wk}}\int_0^{L_{AB}} e^{-\frac{(X-l_i\sin\varphi)v}{2a_{wk}}}$$

$$\left\{K_0\left[\frac{v}{2a_{wk}}\sqrt{(X-l_i\cos\phi)^2+(Z+l_i\sin\phi)^2}\right]+\right.$$

$$\left.K_0\left[\frac{v}{2a_{wk}}\sqrt{(X-l_i\cos\phi)^2+(2t_1-l_i\sin\phi+Z)^2}\right]\right\}dl_i$$

（3－34）

式中，剪切面长度 $L_{AB}=\dfrac{t_1}{\sin\phi}$；$q_{shear}$ 为剪切面热源密度；v 为切削速度；κ_{wk}、a_{wk} 分别表示工件材料的热导率和热扩散系数；t_1 表示未变形切屑厚度；ϕ 表示剪切角；K_0 表示修正的第二类贝塞尔函数。

同理，如图 3－6 所示，由刀尖与已加工表面产生的摩擦热源可视为沿 X 轴的一个移动热源。该移动热源产生的温度变化可根据公式（3－35）求出[13,14]

$$\Delta T_{wk\text{-}rub}(X, Z) = \frac{q_{rub}}{\pi\kappa_{wk}}\int_0^{CA}\gamma e^{-\frac{(-X-x_i)v}{2a_{wk}}}\left\{K_0\left[\frac{v}{2a_{wk}}\sqrt{(X+x_i)^2+Z^2}\right]\right\}dx_i$$

（3－35）

式中，q_{rub} 表示刀尖与已加工表面的第二摩擦热源密度；CA 根据公式（3－32）计算得到；γ 为第二摩擦热源的热分配系数，可根据刀具和工件材料的性能参数由公式（3－36）计算得到，其中 κ_{wk}、ρ_{wk}、c_p、κ_t、ρ_t 和 c_t 分别表示工件和刀具材料的热导率、密度和比热容[15]。

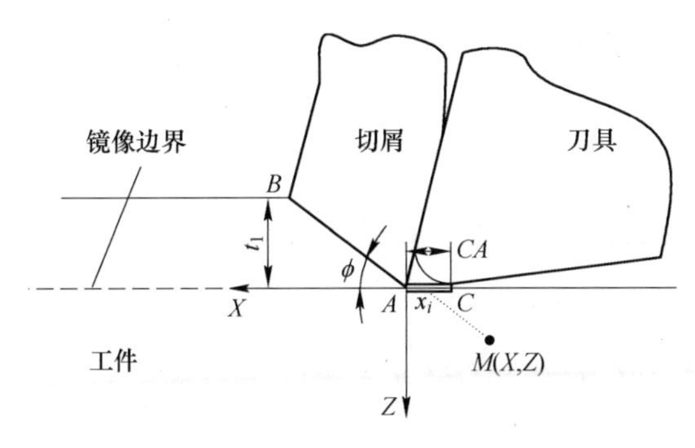

图 3-6　工件摩擦热源示意图

$$\gamma = \frac{\sqrt{\kappa_{wk}\rho_{wk}c_p}}{\sqrt{\kappa_{wk}\rho_{wk}c_p} + \sqrt{\kappa_t\rho_t c_t}} \tag{3-36}$$

类似的，如图 3-7 所示，由于微量润滑施加在后刀面和已加工表面之间，因此由微量润滑引起的散热源可看作一个沿 X 轴方向的移动热源，由此产生的温度变化根据公式（3-37）计算

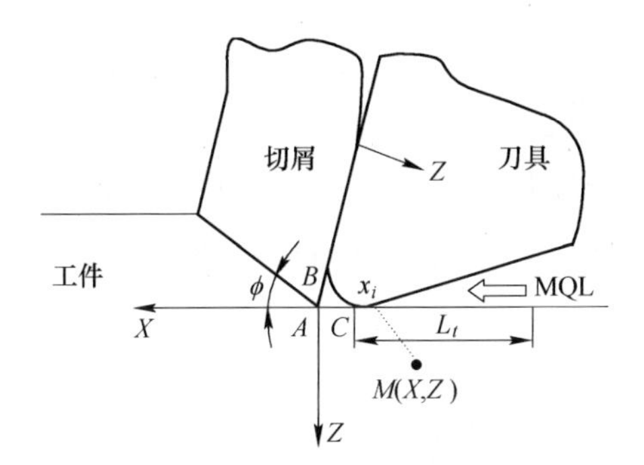

图 3-7　微量润滑条件下工件的散热源示意图

$$\Delta T_{wk-hl}(X, Z) = \frac{q_{hl}}{\pi\kappa_{wk}}\int_0^{L_t} e^{-\frac{(-X+L_{AB}\cos\phi+x_i)v}{2a_{wk}}}\left\{K_0\left[\frac{v}{2a_{wk}}\sqrt{(X-L_{AB}\cos\phi-x_i)^2+(Z+t_1)^2}\right]\right\}dx_i \tag{3-37}$$

式中，L_t 为有效冷却长度；q_{hl} 为由于微量润滑引起的热源散失密度，根据第 2 章中公式（2-18）计算得到。

公式（3-34）和公式（3-35）中的热源密度 q_{shear} 和 q_{rub} 根据切削力和切削参数由以下公式求出

$$q_{shear}=\frac{(F_c\cos\phi-F_t\sin\phi)[v\cos\alpha/\cos(\phi-\alpha)]}{t_1 w\csc\phi} \tag{3-38}$$

$$q_{rub}=\frac{P_{cut}v}{w\cdot CA} \tag{3-39}$$

综上所述，微量润滑条件下工件上任意一点的温度变化可由上述三个热源叠加计算得到

$$\Delta T_{total}(X,Z)=\Delta T_{wk\text{-}shear}(X,Z)+\Delta T_{wk\text{-}rub}(X,Z)-\Delta T_{wk\text{-}hl}(X,Z) \tag{3-40}$$

3.2.2 切屑温度预测建模

微量润滑条件下切屑的温度变化主要考虑两个方面的热源：①由于剪切变形引起的剪切热源；②由于刀具和切屑摩擦产生的第一摩擦热源。对于切屑上的任意一点来说，所有的热源都可看作移动热源。假设切屑背面为绝热边界，为满足假设条件，同样采用镜像热源法建立切屑的温度预测模型。下面分别介绍这两种热源引起的切屑温度的变化。

如图 3－8 所示，切屑上任意一点 $M(X，Z)$ 由于剪切塑性变形产生的温度变化可看作是由剪切热源及其镜像热源共同引起的。切屑上任意一点 $M(X，Z)$ 由剪切热源产生的温度变化可根据公式（3－41）求出

$$\Delta T_{ch\text{-}s}=\frac{q_{shear}}{2\pi\kappa_{wk}}\int_{l_i=0}^{L_{AB}} e^{\frac{-(X-x_i)v_c}{2a_{wk}}}\left\{\begin{array}{l}K_0\left(\frac{v_c}{2a_{ch}}\sqrt{(X-x_i)^2+(Z+z_i)^2}\right)+\\ K_0\left(\frac{v_c}{2a_{ch}}\sqrt{(X-x_i)^2+[(2t_2-z_i)+Z]^2}\right)\end{array}\right\}\mathrm{d}l_i \tag{3-41}$$

式中，$x_i=h-l_i\sin(\phi-\alpha)$；$z_i=l_i\cos(\phi-\alpha)$；剪切面长度 $L_{AB}=\frac{t_1}{\sin\phi}$。其中，$h$ 为刀具与切屑界面的接触长度，根据公式（3－20）计算得到；ϕ 为剪切角；α 为刀具前角；t_1 为未变形切屑厚度。

如图 3－9 所示，刀具和切屑摩擦产生的热源针对于切屑上任意一点可看作移动热源，由此产生的切屑温度的变化根据公式（3－42）求出

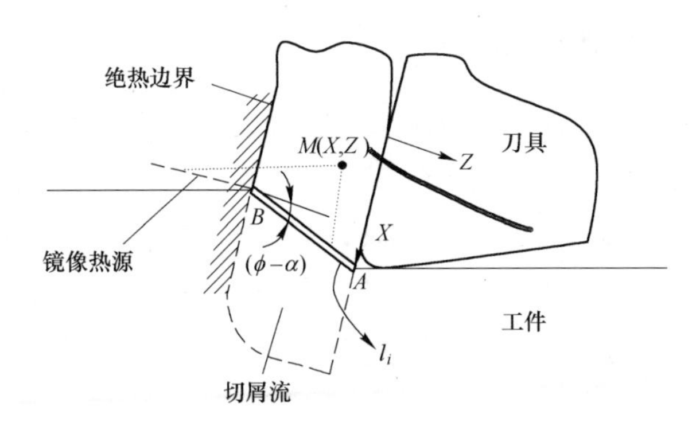

图 3 - 8　切屑剪切热源示意图

$$\Delta T_{ch\text{-}f}=\frac{q_f}{\pi\kappa_{wk}}\int_{l_i=0}^{h}B_1(x_i)\mathrm{e}^{-\frac{(X-l_i)v_c}{2a_{ch}}}\left[2K_0\left(\frac{R_iv_c}{2a_{ch}}\right)+2K_0\left(\frac{R_i'v_c}{2a_{ch}}\right)\right]\mathrm{d}l_i \tag{3-42}$$

式中，$R_i=\sqrt{(X-l_i)^2+Z^2}$；$R_i'=\sqrt{(X-l_i)^2+(Z+2t_2)^2}$。$B_1(x_i)$ 为摩擦热源分配系数，表示进入切屑中的热量百分比。由剪切热源和第一摩擦热源引起的切屑温度变化可表示为 $\Delta T_{ch\text{-}s}+\Delta T_{ch\text{-}f}$。

公式（3 - 42）中的摩擦热源密度 q_f 计算公式为

$$q_f=\frac{Fv_c}{wh} \tag{3-43}$$

式中，F 为刀具和切屑界面的摩擦力；v_c 为切屑流动速度；w 为切削宽度；h 为刀具与切屑的接触长度，根据公式（3 - 20）求出。

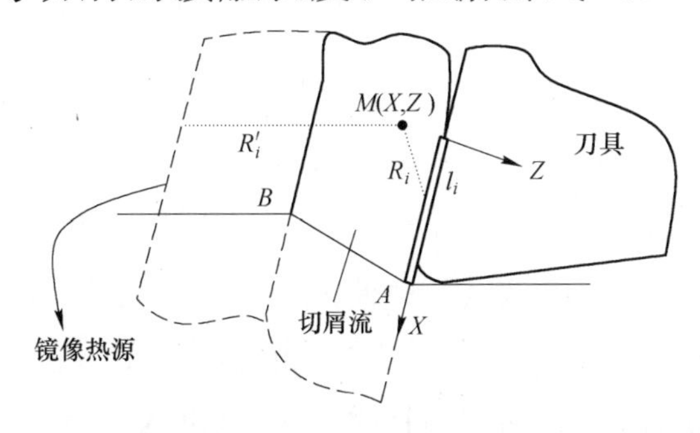

图 3 - 9　切屑上任一点由于切屑与刀具摩擦产生的摩擦热源示意图

3.2.3 刀具温度预测建模

微量润滑条件下刀具的温度变化主要考虑三方面的热源影响：①由于刀具和切屑摩擦产生的第一摩擦热源；②由于刀尖与已加工表面摩擦产生的第二摩擦热源；③由于后刀面和已加工表面之间的微量润滑产生的散热源。这三种热源相对于刀具上的任意一点来说都可看作固定热源。下面具体分析这三种热源引起的刀具温度的变化。

如图 3－10 所示，建立刀具坐标系，刀具上任意一点 $M(X, Y, Z)$ 由于刀具和切屑摩擦产生的温度变化可看作是由摩擦热源及其镜像热源共同作用引起的。刀具上任意一点$M(X, Y, Z)$由于摩擦热源作用产生的温度变化根据公式（3－44）求出

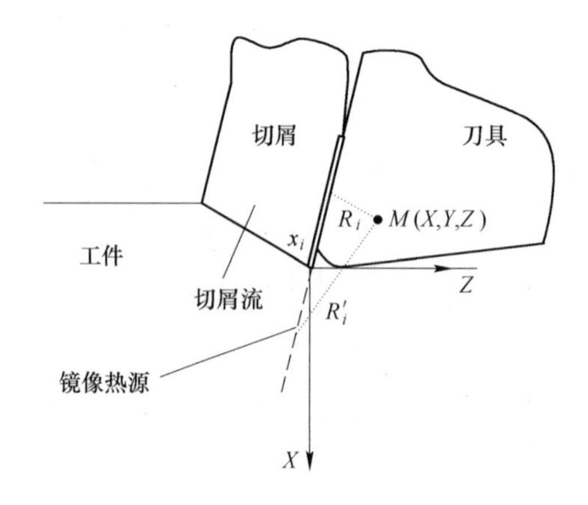

图 3－10　刀具上任一点由于切屑与刀具摩擦产生的第一摩擦热源示意图

$$\Delta T_{t\text{-}f}=\frac{q_f}{2\pi\kappa_t}\int_0^h[1-B_1(x_i)]\int_{-w/2}^{w/2}\left(\frac{1}{R_i}+\frac{1}{R_i'}\right)\mathrm{d}y_i\mathrm{d}x_i \quad (3-44)$$

式中，$R_i=\sqrt{[X+x_i\cos(\alpha+\beta_{clearance})]^2+(Y-y_i)^2+[Z-x_i\cos(\alpha+\beta_{clearance})]^2}$；$R_i'=\sqrt{[x_i\cos(\alpha+\beta_{clearance})-X]^2+(Y-y_i)^2+[Z+x_i\sin(\alpha+\beta_{clearance})]^2}$。其中，$\alpha$ 为刀具前角；$\beta_{clearance}$ 为刀具后角；w 为切削宽度；$1-B_1(x_i)$ 表示刀具与切屑接触产生的摩擦热量进入刀具中的百分比；q_f 为刀具与切屑摩擦产生的第一摩擦热源密度，根据公式（3－43）求出。

如图 3－11 所示，刀具上任意一点 $M(X, Y, Z)$ 由于刀尖和已加工表面摩擦产生的温度变化根据公式（3－45）求出

$$\Delta T_{t\text{-}rub}=\frac{q_{rub}}{2\pi\kappa_t}\int_0^{CA}(1-\gamma)\int_{-w/2}^{w/2}\left(\frac{1}{R_i}+\frac{1}{R_i'}\right)\mathrm{d}y_i\mathrm{d}x_i \tag{3-45}$$

式中，$R_i=\sqrt{X^2+(Y-y_i)^2+(Z-x_i)^2}$；$R_i'=\sqrt{X^2+(Y-y_i)^2+(Z+x_i)^2}$。其中，$1-\gamma$ 为刀尖与已加工表面摩擦热源进入刀具的百分比；CA 根据公式（3－32）求出；q_{rub} 为刀尖与已加工表面的摩擦热源密度，根据公式（3－39）求出。

由图 3－4 可知，由于微量润滑油雾混合物施加在后刀面和已加工表面之间，因此后刀面可看作一个散热源。假设散热源的区域长度为切削刃长度，宽度为切削宽度。散热源相对于刀具上的任一点可看作固定热源，如图 3－12 所示。由微量润滑引起的刀具温度的变化可看作散热源及其镜像热源的叠加，根据公式（3－46）求出

$$\Delta T_{t\text{-}hl}=\frac{q_{hl}}{2\pi\kappa_t}\int_0^{L_t}\int_{-w/2}^{w/2}\left(\frac{1}{R_i}+\frac{1}{R_i'}\right)\mathrm{d}y_i\mathrm{d}x_i \tag{3-46}$$

式中，$R_i=\sqrt{X^2+(Y-y_i)^2+(Z-CA-x_i)^2}$；$R_i'=\sqrt{X^2+(Y-y_i)^2+(Z-CA+x_i)^2}$。其中，$q_{hl}$ 为热源散失密度，根据公式（2－18）求出。

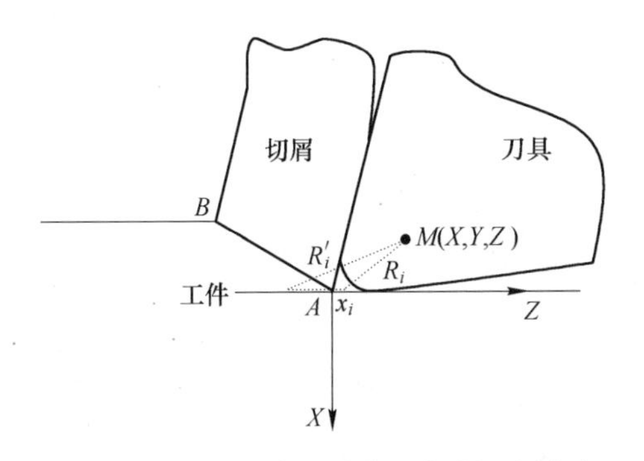

图 3－11　刀具上任一点由于切削刃圆角与已加工表面摩擦产生的摩擦热源示意图

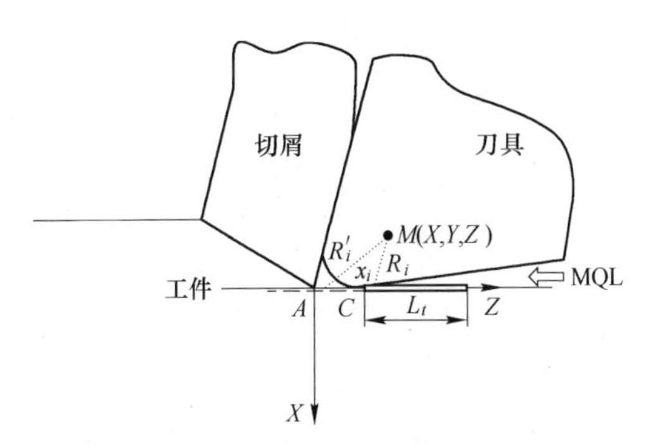

图 3－12　刀具上任一点由于微量润滑引起的散热源示意图

综上所述，刀具上任意一点的温度变化表示为

$$\Delta T_{t\text{-}f}+\Delta T_{t\text{-}rub}-\Delta T_{t\text{-}hl}$$

假设在刀具与切屑摩擦表面上切屑和刀具的温度一致，那么，在刀具的前刀面上存在以下关系式

$$\Delta T_{ch\text{-}s} + \Delta T_{chx\text{-}f} + T_0 = \Delta T_{t\text{-}f} + \Delta T_{t\text{-}rub} - \Delta T_{t\text{-}hl} + T_0 \tag{3-47}$$

公式（3－42）和公式（3－44）中都含有摩擦热源分配系数 $B_1(x_i)$。若将刀具和切屑的接触长度看作由 n 点组成，则摩擦热源分配系数可以根据公式（3－47）建立的 n 个方程求出。

3.3 切削力和切削温度耦合预测建模

上述切削力和切削温度的预测模型需借助其中一个变量的测量才能预测另外一个变量。本节介绍微量润滑条件下的切削力和切削温度耦合预测模型。该预测模型基于修正的 Oxley 预测理论，综合考虑微量润滑引起的润滑效果和冷却效果，可根据切削参数、刀具几何形状、材料性能和微量润滑参数直接预测加工过程中的切削力和切削温度，不再依赖于试验测量切削力或者切削温度。下面详细介绍该预测模型。

3.3.1 修正的 Oxley 预测模型

Oxley 预测模型是针对干切削建立的，未考虑切削液的影响，其摩擦角通过力平衡方程和材料属性根据公式（3－11）求出。而微量润滑条件下的油雾混合物对切削加工具有润滑和冷却的作用，因此必须从润滑和冷却两方面对 Oxley 预测模型进行修正，如图3－13 和图 3－14 所示。

对于微量润滑产生的润滑作用，可根据 2.2 节介绍的边界润滑模型预测微量润滑条件下的摩擦系数，然后由摩擦系数计算摩擦角，将预测到的摩擦角代入公式（3－11）。微量润滑条件下的摩擦系数根据公式（2－17）求出。

对于微量润滑产生的冷却作用，根据 3.2.1 节介绍的工件温度预测模型计算由微量润滑产生的温度变化，根据公式（3－34）和公式（3－42）对剪切面、刀屑接触界面进行积分，从而预测剪切面和刀屑接触界面的平均温度

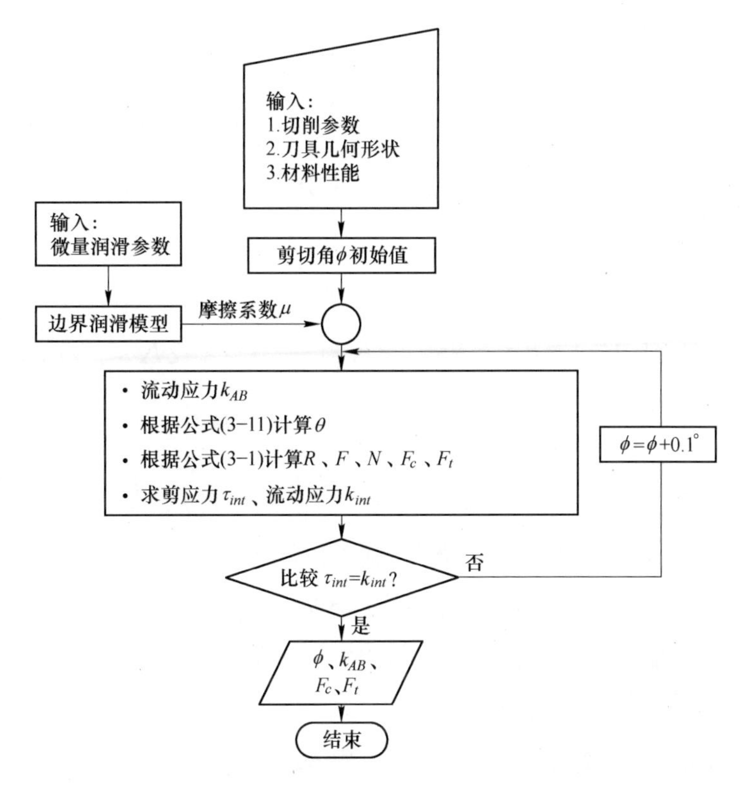

图 3－13　修正的 Oxley 预测模型Ⅰ示意图

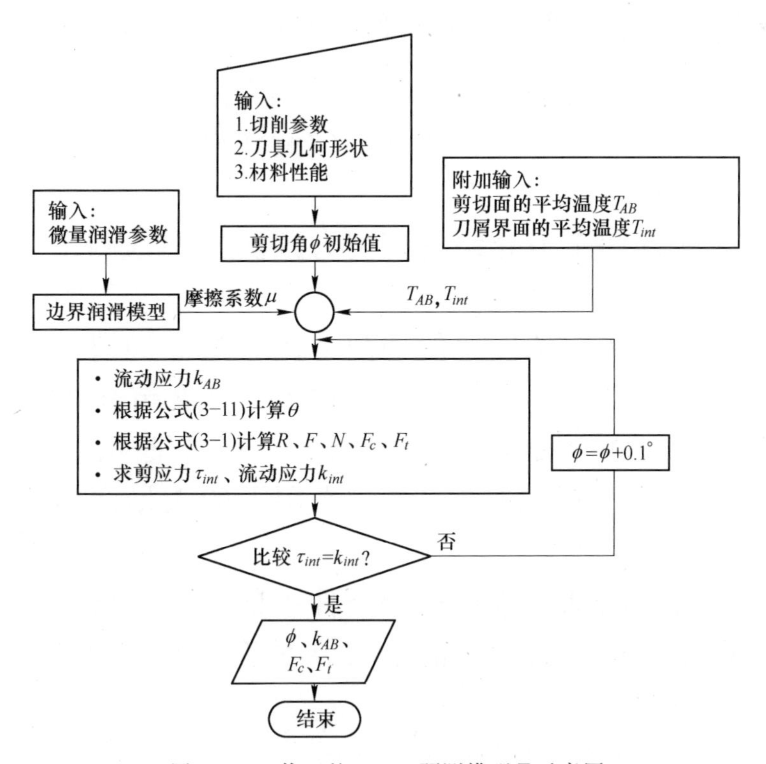

图 3－14　修正的 Oxley 预测模型Ⅱ示意图

$$T_{AB}=\frac{q_{shear}}{2\pi\kappa_{wk}}\int_{0}^{L_{AB}\cos\phi}\int_{0}^{L_{AB}}\mathrm{e}^{-\frac{(X-l_i\sin\phi)v}{2a_{wk}}}\left\{K_0\left[\frac{v}{2a_{wk}}\sqrt{(x_i-l_i\cos\phi)^2+(l_i\sin\phi)^2}\right]+K_0\left[\frac{v}{2a_{wk}}\sqrt{(x_i-l_i\cos\phi)^2+(2t_1-l_i\sin\phi)^2}\right]\right\}\mathrm{d}x_i\mathrm{d}l_i \tag{3-48}$$

$$T_{int}=\frac{q_f}{\pi k_{ch}}\int_{0}^{h}\int_{l_i=0}^{h}B_1(x)\mathrm{e}^{-\frac{(X-l_i)v_c}{2a_{ch}}}\left[2K_0\left(\frac{R_iv_c}{2a_{ch}}\right)+2K_0\left(\frac{R_i'v_c}{2a_{ch}}\right)\right]\mathrm{d}x_i\mathrm{d}l_i \tag{3-49}$$

式中，$R_i=\sqrt{(x_i-l_i)^2}$；$R_i'=\sqrt{(X-l_i)^2+(2t_2)^2}$。其中，剪切面长度 $L_{AB}=t_1/\sin\phi$；刀具和切屑接触面长度 h 由公式（3－20）求出。

修正的 Oxley 预测模型分为以下两种情况：

1）只考虑微量润滑的润滑效果——修正的 Oxley 预测模型Ⅰ。具体计算流程如图 3－13 所示。

2）综合考虑微量润滑的润滑效果和冷却效果——修正的 Oxley 预测模型Ⅱ。具体计算流程如图 3－14 所示。

3.3.2 基于切削力和切削温度耦合的迭代预测模型

基于修正的 Oxley 预测模型，根据切削参数、刀具几何参数、材料性能和微量润滑参数可直接预测微量润滑条件下的切削力和切削温度，具体流程如图 3－15 所示。

第一步：根据 3.1 节介绍的切削力预测模型预测干切削条件下的切削力。

第二步：将干切削条件下的切削力用于边界润滑模型预测微量润滑条件下的摩擦系数，具体预测方法见 2.2.2 节介绍。

第三步：将预测到的微量润滑条件下的摩擦系数代入修正的 Oxley 预测模型Ⅰ，计算只考虑润滑作用下的微量润滑加工过程中的切削力。

第四步：将预测到的微量润滑条件下的切削力代入 3.2 节介绍的温度预测模型，计算剪切面的平均温度 T_{AB} 和刀具与切屑界面的平均温度 T_{int}。

第五步：将预测到的微量润滑条件下剪切面的平均温度 T_{AB} 和

刀具与切屑界面的平均温度 T_{int} 以及第二步预测得到的微量润滑条件下的摩擦系数代入 3.3.1 节介绍的修正的 Oxley 预测模型Ⅱ，从而预测综合考虑微量润滑的润滑和冷却作用下的切削力。

第六步：将预测到的切削力作为微量润滑加工的初始切削力，代入边界润滑模型和温度预测模型，预测微量润滑条件下的摩擦系数和切削温度，然后将预测结果代入修正的 Oxley 预测模型Ⅱ，如此迭代，直至预测误差满足要求为止，输出微量润滑条件下最终的切削力和切削温度。具体流程如图 3-15 所示。

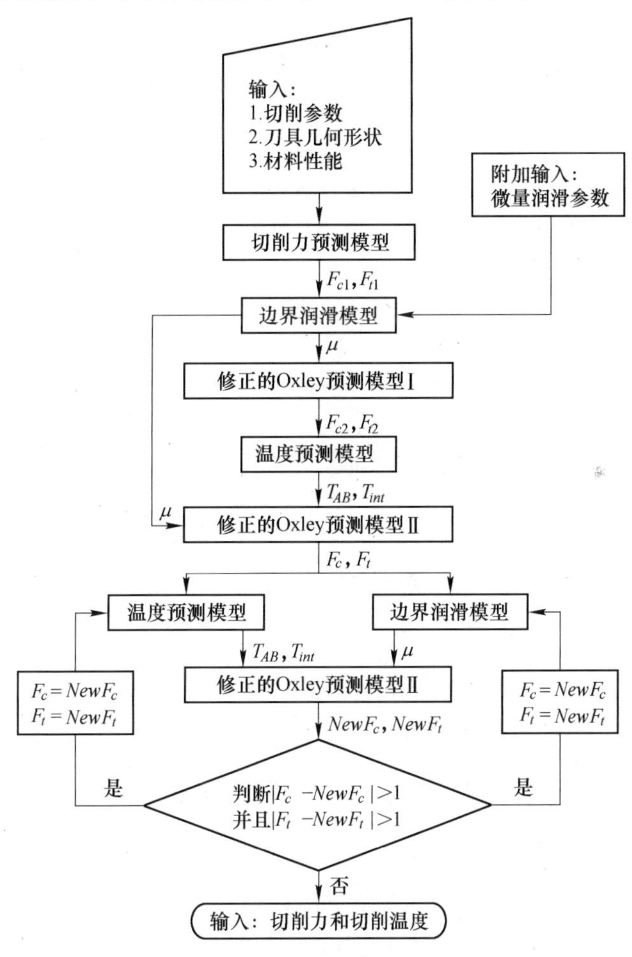

图 3-15　基于切削力和切削温度的耦合迭代预测模型流程图

3.4　切削力预测模型比较

由切削力和切削温度预测模型分析可知，本书建立的微量润滑切削力预测模型可用来预测干切削、微量润滑和传统大流量润滑切削加工。下面将本书建立的切削力预测模型与仅适用于干切削的Oxley预测模型、Li和Liang提出的微量润滑切削力预测模型进行比较，主要从模型的输入参数、适用范围以及预测结果等方面进行对比。

3.4.1 切削力预测模型输入参数及适用范围比较

上述三种切削力预测模型的输入参数及适用范围见表3－1。

表3－1 切削力预测模型的输入参数及适用范围

切削力模型	本书建立的模型	Oxley预测模型[2]	Li和Liang的模型[16]
模型输入	1. 切削参数 2. 刀具参数 3. 材料性能 4. 润滑条件	1. 切削参数 2. 刀具参数 3. 材料性能	1. 切削参数 2. 刀具参数 3. 材料性能 4. 润滑条件 5. 切削温度
适用范围	干切削、微量润滑及大流量润滑	干切削	干切削、微量润滑及大流量润滑

3.4.2 切削力预测模型结果比较

以非涂层硬质合金刀具加工AISI1045钢为例，刀具前角为0°，后角为11°。由于Oxley预测模型只适用于干切削加工，首先将本书建立的切削力预测模型结果与Oxley预测模型结果进行比较。干切削条件下的切削参数及测得的切削力[16]见表3－2。

根据两种预测模型得到的预测结果与试验测量结果比较如图3－16所示。对于切向力，本书预测模型的误差为0.4％～15.9％，第1组试验预测误差较大，为57.2％，平均预测误差为10.3％。根据Oxley预测模型得到的预测误差为1.5％～28％，平均预测误差为9.6％。对于轴向力，本书预测模型的误差为0.9％～23.3％，平均预测误差为6.7％。根据Oxley预测模型得到的预测误差为4.4％～29.8％，平均预测误差为16％。综合切向力和轴向力的比较结果可以看出，本书提出的切削力预测模型预测精度高于Oxley预测模型的精度。

表 3-2　干切削条件下的切削参数及测得的切削力

试验号	速度/(cm/s)	进给速度/（cm/r)	切削深度/cm	切向力测量值 F_c/N	轴向力测量值 F_t/N
1	76.25	0.00508	0.0508	165.07	99.91
2	76.25	0.00762	0.1016	219.47	141.71
3	76.25	0.01016	0.0762	211.43	134.37
4	152.5	0.00508	0.1016	222.84	219.83
5	152.5	0.00762	0.0762	209.79	185.79
6	152.5	0.01016	0.0508	170.33	134.12
7	228.75	0.00508	0.0762	132.08	100.69
8	228.75	0.00762	0.0508	135.97	103.83
9	228.75	0.01016	0.1016	287.01	168.72

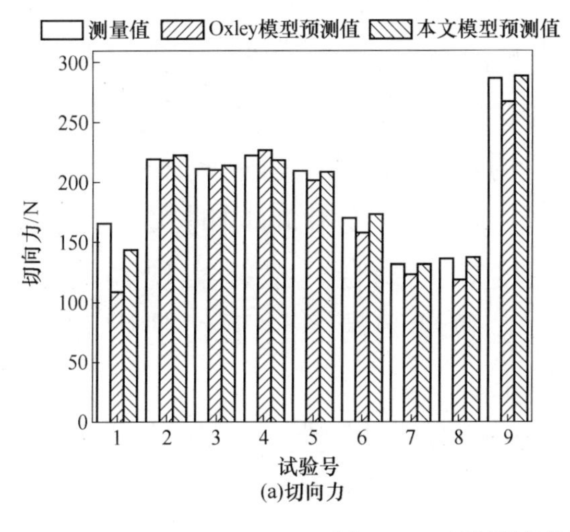

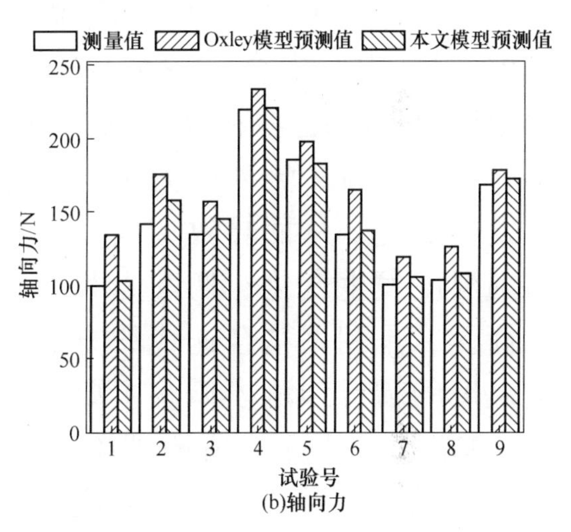

图 3-16　干切削条件下切削力预测结果比较

将微量润滑条件下测得的切削力与本模型预测到的切削力、Li 和 Liang 的切削力预测模型结果相比，其结果如图 3-17 所示。由于参考文献［16］中仅提供了轴向力的预测结果，因此本分析只对轴向力进行比较。从图3-17中可以看出，根据本书预测模型得到的预测误差为 4.2%～18.8%，平均

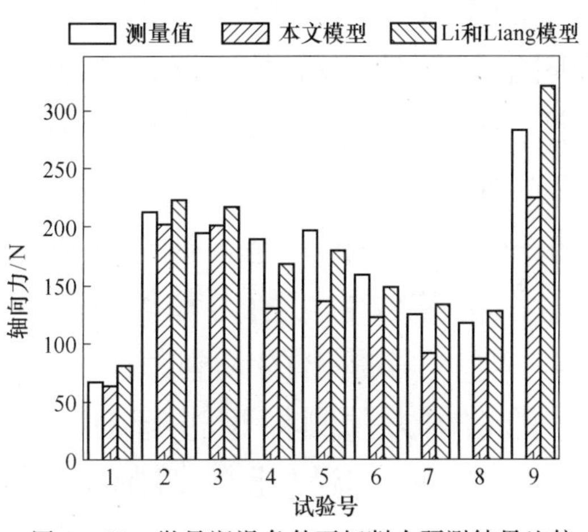

图 3-17　微量润滑条件下切削力预测结果比较

预测误差为13.4%。根据Li和Liang的切削力预测模型得到的预测误差为4.4%～20.9%，平均预测误差为10.2%。由此可以看出，本书提出的切削力预测模型的预测精度与Li和Liang的预测模型精度相当。但由于Li和Liang预测模型需测量切削温度，而实际试验过程中切削温度测量比较困难。综合以上分析，本书提出的切削力预测模型无论是在适用范围还是在预测精度上都优于其他预测模型。

3.5 本章小结

本章介绍了切削力和切削温度的耦合预测模型，主要从两方面考虑“热-力”耦合。一是基于材料的流动应力模型将切削力和切削温度进行耦合。在切削过程中，由于切削力产生切削热，根据Johnson－Cook流动应力模型可知，切削温度变化引起材料流动应力发生变化，从而导致切削力的变化，切削力变化的同时又会导致切削温度发生变化。切削力和切削温度如此耦合，最终实现其动态平衡。二是利用耦合迭代的方法，建立微量润滑条件下切削力和切削温度的耦合预测模型。主要工作如下：

1）基于Oxley预测理论及Waldorf预测模型，考虑微量润滑产生的润滑效果，将切削温度作为已知条件，建立微量润滑条件下的切屑成形力预测模型和犁削力预测模型。

2）基于Komanduri提出的干切削温度预测模型，考虑微量润滑产生的冷却效果，将切削力作为已知条件，采用Jeager提出的移动和固定热源法，根据切屑、刀具和工件之间的热平衡方程建立微量润滑条件下工件、刀具和切屑的温度预测模型。

3）基于修正的Oxley预测模型，综合考虑微量润滑产生的润滑效果和冷却效果，建立基于切削参数、刀具几何参数、材料性能和微量润滑参数的切削力和切削温度耦合预测模型。

4）将本书提出的切削力预测模型与Oxley预测模型、Li和Liang的切削力预测模型进行对比，分析预测模型的适用范围和预测精度，发现本书提出的切削力和切削温度的预测模型具有明显优势。

参考文献

[1] MERCHANT M E. Mechanics of the Metal Cutting Process Ⅱ. Plasticity Conditions in Orthogonal Cutting [J] . Journal of Applied Physics, 1945, 16 (6): 318 - 324.

[2] OXLEY P L B. The Mechanics of Machining: An Analytical Approach to Assessing Machinability [M] . First Edition. New York: Ellis Horwood Ltd, 1989.

[3] LALWANI D, MEHTA N, JAIN P. Extension of Oxley's Predictive Machining Theory for Johnson and Cook Flow Stress Model [J] . Journal of Materials Processing Technology, 2009, 209 (12 - 13): 5305 - 5312.

[4] BOOTHROYD G. Temperatures in Orthogonal Metal Cutting [J] . Proceedings of the Institution of Mechanical Engineers, 1963, 177 (1): 789 - 810.

[5] MANJUNATHAIAH J, ENDRES W J. A New Model and Analysis of Orthogonal Machining with an Edge - radiused Tool [J] . Journal of Manufacturing Science and Engineering - Transaction of ASME, 2000, 122: 385 - 390.

[6] ARSECULARATNE J. On Tool - chip Interface Stress Distributions, Ploughing Force and Size Effect in Machining [J] . International Journal of Machine Tools and Manufacture, 1997, 37 (7): 885 - 899.

[7] WALDORF D J. A Simplified Model for Ploughing Forces in Turning [J] . Journal of Manufacturing Processes, 2006, 8 (2): 76 - 82.

[8] FANG N. Slip - line Modeling of Machining with a Rounded - edge Tool - Part Ⅰ: New Model and Theory [J] . Journal of the Mechanics and Physics of Solids, 2003, 51 (4): 715 - 742.

[9] FANG N. Slip - line Modeling of Machining with a Rounded - edge Tool - Part Ⅱ: Analysis of the Size Effect and the Shear Strain - rate [J] . Journal of the Mechanics and Physics of Solids, 2003, 51 (4): 743 - 762.

[10] BHOKSE V, CHINCHANIKAR S, ANERAO P, et al. Experimental Investigationson Chip Formation and Plowing Cutting Forces during Hard Turning [J] . Materials Today Proceedings, 2015, 2 (4 - 5): 3268 - 3276.

[11] CHUNG C, TRAN M Q, LIU M K. Estimation of Process Damping Coefficient Using Dynamic Cutting Force Model [J] . International Journal of Precision Engineering and Manufacturing, 2020, 21: 623 - 632.

[12] WALDORF D J, DEVOR R E, KAPOOR S. A Slip - line Field for Ploughing during Orthogonal Cutting [J] . Journal of Manufacturing Science and Engineering, 1998, 120 (4): 693 - 698.

[13] KOMANDURI R, HOU Z B. Thermal Modeling of the Metal Cutting Process - Part Ⅱ: Temperature Rise Distribution due to Frictional Heat Source at the Tool - Chip Interface [J] . International Journal of Mechanical Sciences, 2001, 43 (1): 57 - 88.

[14] HUANG Y，LIANG S Y. Modelling of the Cutting Temperature Distribution under the Tool Flank Wear Effect [J] . Proceedings of the Institution of Mechanical Engineers，Part C：Journal of Mechanical Engineering Science，2003，217 (11)：1195 - 1208.

[15] J MANJUNATHAIAH，W J ENDRES. A New Model and Analysis of Orthogonal Machining with an Edge - radiused Tool [J] . Journal of Manufacturing Science and Engineering - Transaction of ASME，2000，122：385 - 390.

[16] LI K M，LIANG S Y. Modeling of Cutting Forces in Near Dry Machining under Tool Wear Effect [J] . International Journal of Machine Tools and Manufacture，2007，47 (7 - 8)：1292 - 1301.

第 4 章　综合考虑“热-力”效应的残余应力解析建模

基于建立的微量润滑条件下的切削力和切削温度的耦合预测模型，详细介绍微量润滑条件下由于“热-力”效应作用下残余应力的预测建模。首先，基于预测得到的切削力和切削温度根据赫兹接触模型计算加工件表面的应力分布；然后，将计算得到的应力分布代入修正的 McDowell 算法模型，计算微量润滑切削条件下加工件表面的残余应力分布。

4.1　基于赫兹接触理论的应力分布预测

采用赫兹滚滑动接触理论计算加工件表面的应力分布。如图 4-1所示，将圆形物体看作刀具，矩形物体看作工件。在金属切削加工过程中，刀具与工件的接触可看作一个圆柱体在半无限大平面上滚动接触，如图 4-1 左边图形所示。

滚滑动接触模型近似认为同一深度的任意一点承受的应力历程一样。也就是说，刀具与工件接触后，工件内同一深度上的任意点 A 所受的应力历程类似于图 4-1 中的右图所示，该应力历程取决于

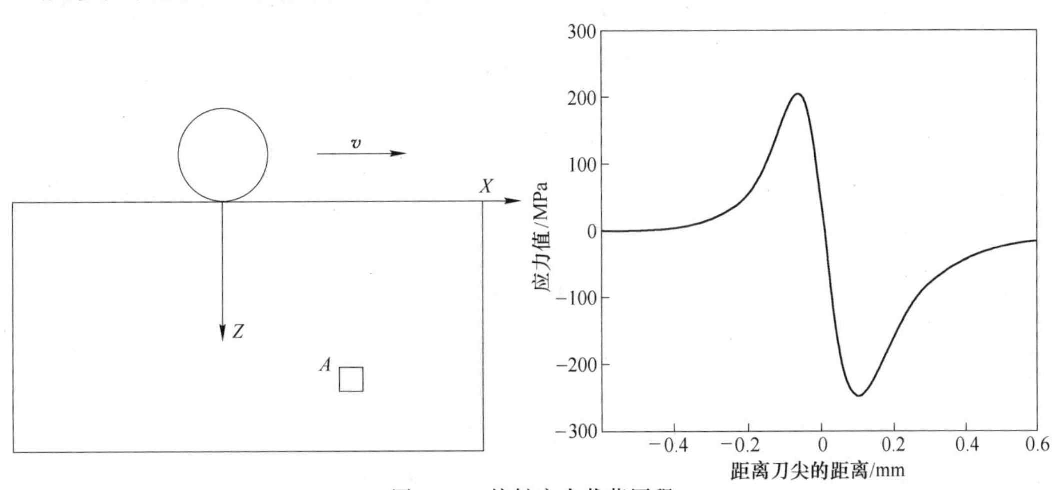

图 4-1　接触应力载荷历程

工件表面所承受的载荷。

下面分别从工件所承受的机械载荷和热载荷两方面讨论加工件表面的应力分布。

4.1.1 机械载荷产生的应力

在切削加工过程中，机械载荷产生的应力来源主要考虑两方面：一是由于工件材料的剪切变形产生的应力，主要包括剪切面上的正应力和剪切应力；二是由于切削刃和已加工工件表面摩擦挤压产生的应力，主要包括切削刃与工件摩擦产生的法向应力和切向应力，具体如图 4-2 所示。

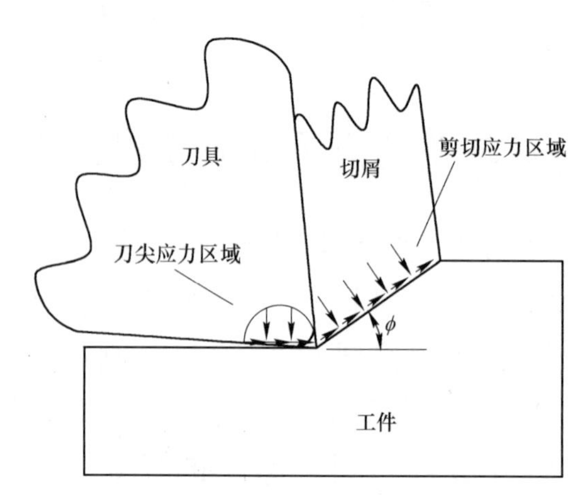

图 4-2 机械载荷产生的应力源

假设刀具与工件的接触可看作赫兹滚滑动接触，那么工件上的应力分布可根据滚滑动接触模型的赫兹应力解求出。图 4-3 表示在窄带（$-a<x<a$）上受任意分布的法向压力 $p(s)$ 和切向应力 $q(s)$ 作用的弹性半空间，求工件内任意点 A 处由 $p(s)$ 和 $q(s)$ 引起的应力分量。如图 4-3 所示，在表面上距离 O 为 s 的 B 点处，作用在宽度为 $\mathrm{d}s$ 的元面积上的力，可以认为是垂直作用于表面的、数值为 $p\mathrm{d}s$ 的集中力以及切向作用于表面的、数值为 $q\mathrm{d}s$ 的集中力。由全部 $p(s)$ 和 $q(s)$ 分布所产生的 A 点应力分量可根据对 Boussinesq 解在受载区域（$-a<x<a$）内进行积分得到

$$\begin{cases}\sigma_x=-\dfrac{2z}{\pi}\displaystyle\int_{-a}^{a}\dfrac{p(s)(x-s)^2}{[(x-s)^2+z^2]^2}\mathrm{d}s-\dfrac{2}{\pi}\displaystyle\int_{-a}^{a}\dfrac{q(s)(x-s)^3}{[(x-s)^2+z^2]^2}\mathrm{d}s\\ \sigma_z=-\dfrac{2z^3}{\pi}\displaystyle\int_{-a}^{a}\dfrac{p(s)}{[(x-s)^2+z^2]^2}\mathrm{d}s-\dfrac{2z^2}{\pi}\displaystyle\int_{-a}^{a}\dfrac{q(s)(x-s)}{[(x-s)^2+z^2]^2}\mathrm{d}s\\ \tau_{xz}=-\dfrac{2z^2}{\pi}\displaystyle\int_{-a}^{a}\dfrac{p(s)(x-s)}{[(x-s)^2+z^2]^2}\mathrm{d}s-\dfrac{2z}{\pi}\displaystyle\int_{-a}^{a}\dfrac{q(s)(x-s)^2}{[(x-s)^2+z^2]^2}\mathrm{d}s\end{cases}\tag{4-1}$$

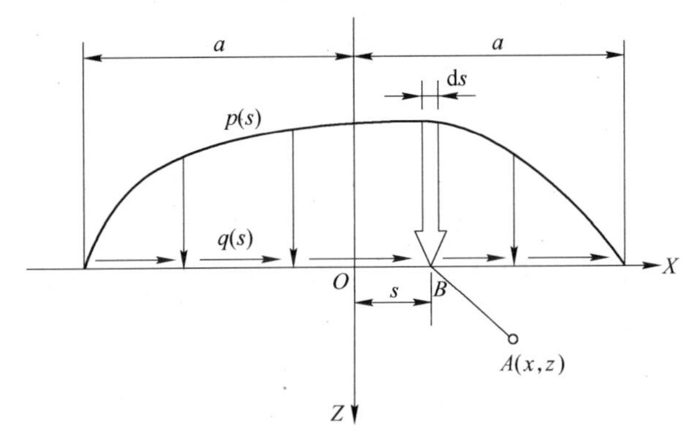

图 4－3　边界应力示意图[1]

为了利用公式（4－1），需要计算出图 4－3 中的法向应力分布 $p(s)$ 和切向应力分布 $q(s)$。下面分别计算由于切削刃与已加工表面接触以及剪切变形产生的应力分布。

（1）切削刃与已加工表面接触产生的应力分布

由切削刃与已加工表面接触产生的应力大小取决于犁削力以及接触面积的大小。假设切削刃与已加工表面接触的法向应力均匀分布，根据公式（4－2）计算

$$p_{tool\text{-}edge}=\frac{2P_{thrust}}{\pi(wa)}\tag{4-2}$$

式中，P_{thrust} 为垂直于刀尖与工件接触面的法向犁削力；w 为切削宽度；a 为接触半宽，$a=\dfrac{1}{2}CA$，CA 根据公式（3－32）求得。

假设切削刃与已加工表面的切向应力也为均匀分布，且与剪切力 P_{cut} 和摩擦系数 μ 成正比，那么切削刃与已加工表面的切向应力

分布密度为

$$\tau_{tool\text{-}edge}=\mu\left(\frac{P_{cut}}{w\cdot CA}\right) \tag{4-3}$$

将式（4－2）和式（4－3）计算得到的法向应力分布密度 $p_{tool\text{-}edge}$ 和切向应力分布密度 $\tau_{tool\text{-}edge}$ 分别取代公式（4－1）中的 $p(s)$ 和 $q(s)$，根据公式（4－1）可求出工件内任意点由于切削刃圆弧与工件摩擦产生的应力分量。

（2）剪切变形产生的应力分布

假设剪切面上由于剪切变形产生的正应力均匀分布，那么剪切面上的法向应力分布密度可由剪切面的切削力和几何尺寸根据公式（4－4）计算得到

$$p_s=\frac{F_c\sin\phi+F_t\cos\phi}{L_{AB}w} \tag{4-4}$$

式中，F_c、F_t 为切屑成形力；ϕ 为剪切角；L_{AB} 为剪切面的长度；w 为切削宽度。

由于剪切变形产生的切向应力可看作为材料在剪切面的流动应力，因此切向应力密度为

$$q_s=k_{AB} \tag{4-5}$$

式中，k_{AB} 为剪切面的流动应力，由公式（3－10）求得。

将式（4－4）和式（4－5）计算得到的法向应力密度 p_s 和切向应力密度 q_s 分别取代公式（4－1）中的 $p(s)$ 和 $q(s)$，可计算出工件内任意点由于塑性变形在剪切面产生的应力分量。

工件中因机械载荷产生的总应力为由于切削刃与工件接触产生的应力和由于剪切变形产生的应力之和。由于这两个应力源不在同一坐标系内，因此需要将坐标系 $X'-Z'$ 下得到的剪切面的应力分量转换到工件坐标系 $X-Z$ 内，如图 4－4 所示。

由公式（4－1）计算得到的剪切面的应力分量是建立在 $X'-Z'$ 坐标系下的，需要将 $X'-Z'$ 坐标系下得到的应力分量通过转换矩阵如公式（4－6）转换到工件坐标系 $X-Z$ 内。

$$[Q]=\begin{bmatrix}\cos\phi & \sin\phi\\ -\sin\phi & \cos\phi\end{bmatrix} \tag{4-6}$$

因此，工件上任意一点由于剪切塑性变形产生的应力分量在工

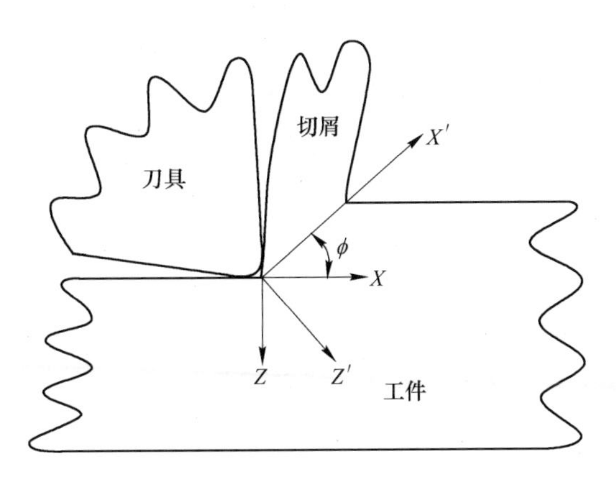

图 4－4　剪切面的坐标系和工件坐标系

件坐标系 $X-Z$ 下表示为

$$[\sigma_{shear\_X\text{-}Z}]=[Q]\begin{bmatrix}\sigma_{X'} & \tau_{X'Z'}\\ \tau_{X'Z'} & \sigma_{Z'}\end{bmatrix}[Q^{\mathrm{T}}] \tag{4-7}$$

综上所述，工件上任意一点由于机械载荷产生的应力为剪切变形产生的应力分量和切削刃与已加工表面接触产生的应力分量的叠加，表示为

$$[\sigma_{total}^{mech}]=[\sigma_{shear\_X\text{-}Z}]+[\sigma_{tooledge\_X\text{-}Z}] \tag{4-8}$$

4.1.2　热载荷产生的应力

根据工件温度预测模型可预测出工件上任一点的温度分布。因此，工件内任一点由于温度引起的热应力主要包括：①由于体力引起的热应力 $X=-[\alpha E/(1-2\upsilon)](\delta T/\delta x)$ 和深度方向的热应力 $Z=-[\alpha E/(1-2\upsilon)](\delta T/\delta z)$；②由于温度引起的表面张力 $\alpha ET/(1-2\upsilon)$；③静水压力 $\alpha ET/(1-2\upsilon)$。

工件上任意一点由温度变化引起的热应力可通过下式叠加计算[1,2]

$$\sigma_{xx}^{therm}(x,z)=-\frac{\alpha E}{1-2\upsilon}\int_0^{\infty}\int_{-\infty}^{\infty}\left[G_{xh}\frac{\partial T}{\partial x}(x,z)+G_{xv}\frac{\partial T}{\partial x}(x,z)\right]\mathrm{d}x\mathrm{d}z+$$

$$\frac{2z}{\pi}\int_{-\infty}^{\infty}\frac{p(t)\,(t-x)^2}{[(t-x)^2+z^2]^2}\mathrm{d}t-\frac{\alpha ET(x,z)}{1-2\upsilon}$$

$$\sigma_{zz}^{therm}(x,z)=-\frac{\alpha E}{1-2\upsilon}\int_0^{\infty}\int_{-\infty}^{\infty}\left[G_{zh}\frac{\partial T}{\partial x}(x,z)+G_{zv}\frac{\partial T}{\partial x}(x,z)\right]\mathrm{d}x\mathrm{d}z+$$

$$\frac{2z^3}{\pi}\int_{-\infty}^{\infty}\frac{p(t)}{[(t-x)^2+z^2]^2}\mathrm{d}t-\frac{\alpha ET(x,\ z)}{1-2\upsilon}$$

$$\tau_{xz}^{therm}(x,\ z)=-\frac{\alpha E}{1-2\upsilon}\int_{0}^{\infty}\int_{-\infty}^{\infty}\left[G_{xzh}\frac{\partial T}{\partial x}(x,\ z)+G_{xzv}\frac{\partial T}{\partial x}(x,\ z)\right]\mathrm{d}x\mathrm{d}z+$$

$$\frac{2z^2}{\pi}\int_{-\infty}^{\infty}\frac{p(t)(x-t)}{[(t-x)^2+z^2]^2}\mathrm{d}t \tag{4-9}$$

其中

$$p(t)=\frac{\alpha ET(x,\ z=0)}{1-2\upsilon} \tag{4-10}$$

式中，E 为材料的弹性模量；υ 为材料的泊松比；α 为材料的热扩散系数，$\alpha=\frac{\kappa}{\rho c_p}$。其中，$\kappa$、$\rho$、$c_p$ 分别表示材料的热导率、密度和比热容。在公式（4－9）中，G_{xh}、G_{xv}、G_{zh}、G_{zv}、G_{xzh} 和 G_{xzv} 分别表示平面应变格林函数。例如，$G_{xh}(x,\ z)$ 表示正应力 $\sigma_{xx}(x,\ z)$ 由于体力作用在 X 方向引起的热应力。同样的，$G_{xv}(x,\ z)$ 表示正应力 $\sigma_{xx}(x,\ z)$ 由于体力作用在 Z 方向引起的热应力。

因此，工件上任意一点由于温度变化产生的热应力可表示为

$$[\sigma_{total}^{therm}]=\begin{bmatrix}\sigma_{xx}^{thermal} & & \\ & \sigma_{zz}^{thermal} & \\ & & \tau_{xz}^{thermal}\end{bmatrix} \tag{4-11}$$

综上所述，工件上任意一点由于机械载荷和热载荷产生的总应力表示为

$$[\sigma_{total}]=[\sigma_{total}^{mech}]+[\sigma_{total}^{thermal}] \tag{4-12}$$

4.1.3 工件表面应力分析

以非涂层刀具加工 AISI4130 合金钢为例，刀具前角为 5°，后角为 11°，刀尖圆弧半径为 30μm，在切削速度为 1.049m/s、切削深度为 0.0508mm、切削宽度为 4.775mm、微量润滑切削液流量为 16mL/h、气体压力为 40psi（1psi＝6.895kPa）的条件下，预测得到的工件内部温度分布如图 4－5 所示，其应力分布如图 4－6 所示。

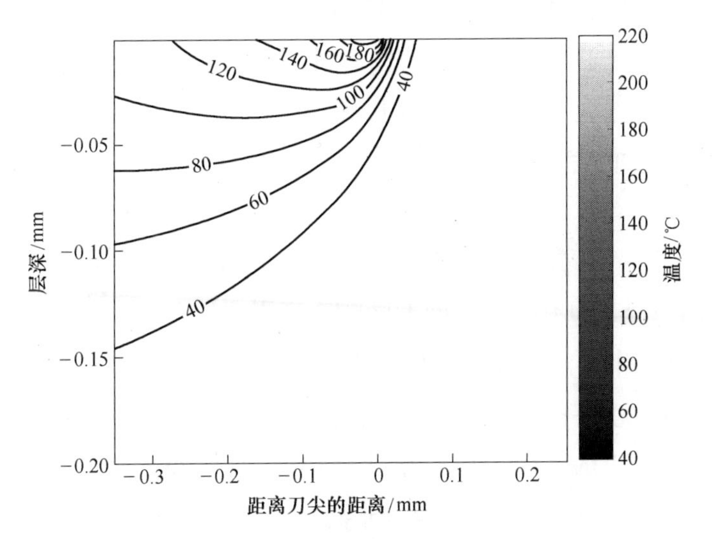

图 4－5　工件内的温度预测分布

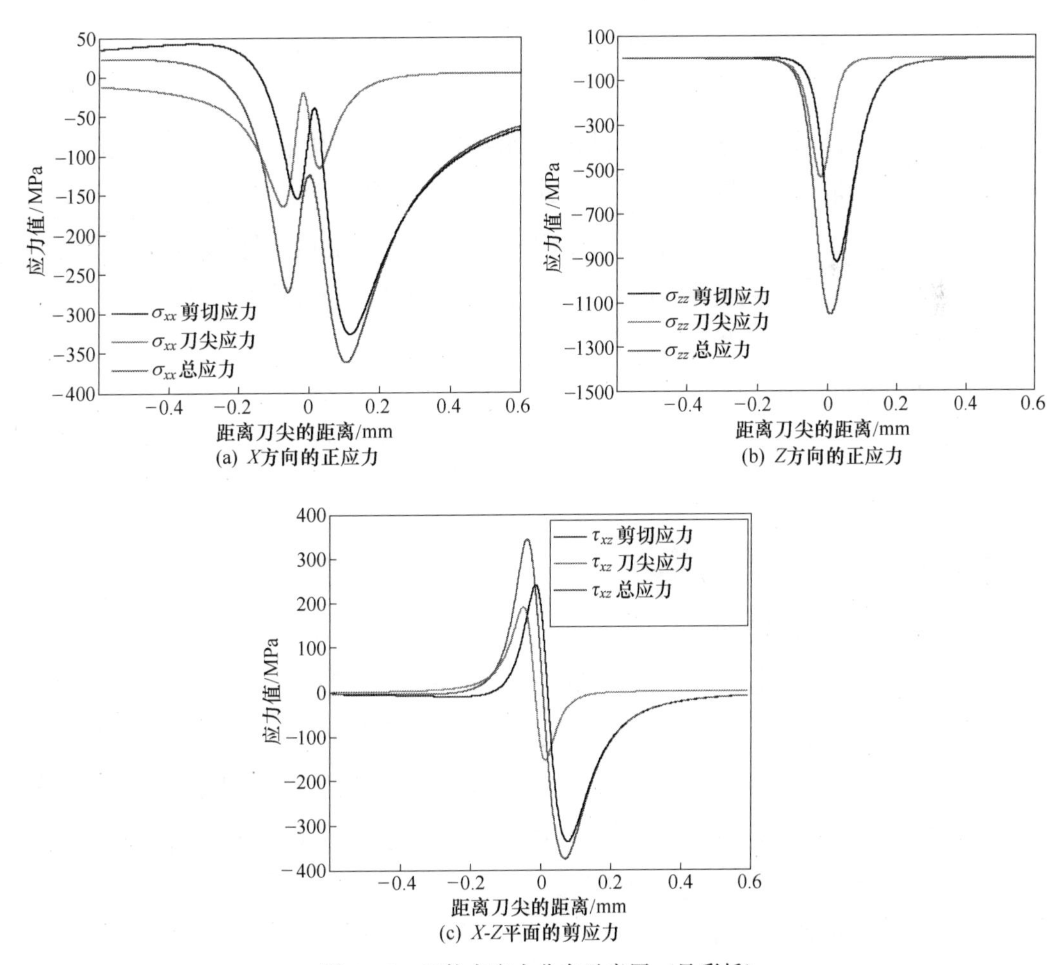

图 4－6　工件内应力分布示意图（见彩插）

从图 4-5 中可以看出，刀具从远处靠近工件开始切削时，工件内的温度迅速升高达到最大值；当刀具远离工件时，工件内的温度缓慢降低。从图 4-5 中还可以看出，工件内的最高温度并不在刀尖的正下方，而是靠近刀尖处，这是由于工件材料的热传导造成的。

由图 4-6 可以看出，在金属切削加工过程中，剪切变形产生的应力分量占主导地位，由剪切变形产生的应力明显大于刀尖与已加工表面接触产生的应力，特别是 X 方向的正应力和 $X-Z$ 平面内的切应力。由图 4-6（b）可以看出，对于 Z 方向的正应力来说，由剪切变形产生的应力和由刀尖与已加工表面产生的应力相当。这是因为在本切削条件下，刀尖圆弧半径为 30μm，而切削深度为 0.0508mm，两者十分接近，因此，由刀尖产生的应力不可忽略。

4.2 基于“热-弹-塑”模型的残余应力预测

基于 4.1 节计算得到的工件表面应力利用增量“热-弹-塑”模型预测工件表面的残余应力。刀具施加到工件表面的载荷可看作一个移动载荷，并且是一个循环累加的过程。之前，有很多学者利用增量塑性模型来预测滚滑动接触表面产生的残余应力[3-5]。Merwin 模型假设工件材料为理想弹塑性材料和弹性应变场来预测滚滑动接触表面的残余应力[3]。考虑到实际加工过程中材料的特性，本书采用 McDowell 提出的基于随动硬化模型的增量塑性理论来预测加工件表面的残余应力。

4.2.1 预测模型准则选取

（1）材料强化准则

常用的等向强化模型不考虑 Bauschinger 效应，而实际金属切削过程伴随着高温、高压、大应变和高应变率，因此不适合用来预测金属切削过程中的后续屈服应力。本书采用随动强化模型计算塑性应变状态下材料屈服应力的变化，此模型与实际加工过程中材料的特性更吻合。

（2）材料屈服准则

Tresca 屈服准则需已知工件材料内各点主应力的大小及方向，

而根据 4.1 节的介绍可求出工件内任意一点的应力分量。因此，Von Mises 屈服准则更适合用来判断金属切削过程中材料是否发生屈服。

下面详细介绍金属切削过程中应力加载和释放的过程，从而预测加工件表面最终的残余应力分布。

4.2.2　应力加载过程

首先介绍应力循环加载的过程，根据 4.1 节预测得到的工件内各个点的应力可分成 N 步加载。根据公式（4－13）和公式（4－14）计算有效应变和有效应变率。

$$\varepsilon_{eff}^{p}=\frac{\sqrt{2}}{3}\sqrt{(\varepsilon_{xx}^{p}-\varepsilon_{yy}^{p})^{2}+(\varepsilon_{yy}^{p}-\varepsilon_{zz}^{p})^{2}+(\varepsilon_{zz}^{p}-\varepsilon_{xx}^{p})^{2}+6\,(\varepsilon_{xz}^{p})^{2}} \tag{4-13}$$

$$\dot{\varepsilon}_{eff}^{p}=\sqrt{\frac{2}{3}}\sqrt{(\dot{\varepsilon}_{xx}^{p})^{2}+(\dot{\varepsilon}_{yy}^{p})^{2}+(\dot{\varepsilon}_{zz}^{p})^{2}+2\,(\dot{\varepsilon}_{xz}^{p})^{2}} \tag{4-14}$$

根据计算得到的有效应变和有效应变率，采用 Johnson－Cook 流动应力模型计算材料瞬态条件下的屈服应力，根据 Von Mises 屈服准则判断工件材料是否发生屈服，屈服准则表达式为

$$F=\frac{3}{2}(S_{ij}-\alpha_{ij})(S_{ij}-\alpha_{ij})-R^{2}=0 \tag{4-15}$$

式中，$S_{ij}=\sigma_{ij}-(\sigma_{kk}/3)\delta_{ij}$，其中 S_{ij} 表示偏应力；R 为工件材料的剪切屈服强度（MPa）；δ_{ij} 表示克罗内克（Kronecker）符号，表示为

$$\delta_{ij}=\begin{cases}1 & i=j\\ 0 & i\neq j\end{cases} \tag{4-16}$$

在公式（4－15）中，α_{ij} 表示背应力，依据随动强化准则，$\alpha_{ij}=\langle S_{kl}n_{kl}\rangle n_{ij}$。$\langle\rangle$ 表示 MacCauley 符号，定义为

$$\langle x\rangle=0.5(x+|x|)$$

在第一步加载过程中，假设材料没有发生屈服，那么 $\alpha_{ij}=0$。n_{ij} 为塑性应变率方向上的单位法向量，表示为

$$n_{ij}=\frac{S_{ij}-\alpha_{ij}}{\sqrt{2}k} \tag{4-17}$$

根据 Von Mises 屈服准则判断材料是否发生屈服，若是未发生屈服，则进行弹性加载。根据 4.1 节预测的应力分量进行计算。若是材料已发生屈服，则进行塑性加载。在屈服面上，即 $F=0$ 面上的塑性流动准则表示为

$$\dot{\varepsilon}_{ij}^{p}=\frac{1}{h}\langle\dot{S}_{kl}n_{kl}\rangle n_{ij} \tag{4-18}$$

式中，h 为塑性模量，决定了材料的硬化率。

由于切削过程中的载荷大小变化不确定，可能会存在一个很大的波动范围。为了适应切削过程中的载荷在一个大范围内的变化，McDowell 算法引入了一个混合函数 Ψ

$$\Psi=1-\exp\left(-\zeta\frac{3}{2}\frac{h}{G}\right) \tag{4-19}$$

式中，ζ 为算法常数；G 为弹性剪切模量，计算公式表示为

$$G=\frac{E}{2(1+\upsilon)} \tag{4-20}$$

式中，E 为弹性模量；υ 为泊松比。在该混合算法中，对于工件材料的塑性流动，既不假设切削方向上的应变率满足 $\dot{\varepsilon}_{xx}=0$[6]，也不假设切削方向的应变率为 $\dot{\sigma}_{xx}=\dot{\sigma}_{xx}^{*}$[7]。当应力为塑性加载时，切削方向上的应变率满足公式（4－21）。同样的，由于 Y 方向为平面应变，因此 Y 方向上的应变率满足公式（4－22）

$$\begin{aligned}\dot{\varepsilon}_{xx}&=\frac{1}{E}[\dot{\sigma}_{xx}-\nu(\dot{\sigma}_{yy}+\dot{\sigma}_{zz}^{*})]+\alpha\Delta T+\frac{1}{h}(\dot{\sigma}_{xx}n_{xx}+\dot{\sigma}_{yy}n_{yy}+\dot{\sigma}_{zz}^{*}n_{zz}+\\&\quad 2\dot{\tau}_{xz}^{*}n_{xz})n_{xx}\\&=\Psi\left\{\frac{1}{E}[\dot{\sigma}_{xx}^{*}-\nu(\dot{\sigma}_{yy}+\dot{\sigma}_{zz}^{*})]+\alpha\Delta T+\frac{1}{h}(\dot{\sigma}_{xx}^{*}n_{xx}+\dot{\sigma}_{yy}n_{yy}+\right.\\&\quad\left.\dot{\sigma}_{zz}^{*}n_{zz}+2\dot{\tau}_{xz}^{*}n_{xz})n_{xx}\right\}\end{aligned} \tag{4-21}$$

$$\begin{aligned}\dot{\varepsilon}_{yy}&=\frac{1}{E}[\dot{\sigma}_{yy}-\nu(\dot{\sigma}_{xx}+\dot{\sigma}_{zz}^{*})]+\alpha\Delta T+\frac{1}{h}(\dot{\sigma}_{xx}n_{xx}+\dot{\sigma}_{yy}n_{yy}+\dot{\sigma}_{zz}^{*}n_{zz}+\\&\quad 2\dot{\tau}_{xz}^{*}n_{xz})n_{yy}=0\end{aligned} \tag{4-22}$$

式中，$\dot{\varepsilon}_{xx}$ 和 $\dot{\varepsilon}_{yy}$ 分别表示切削方向和垂直于切削方向的应变率。

$\dot{\sigma}_{xx}^{*}$、$\dot{\sigma}_{zz}^{*}$ 和 $\dot{\tau}_{xz}^{*}$ 表示弹性加载下的赫兹应力解，可根据公式（4－1）计算得到。$\dot{\sigma}_{xx}$、$\dot{\sigma}_{yy}$ 和 $\dot{\sigma}_{zz}$ 分别表示切削方向、垂直于切削方向以及深度方向的应力变化率。根据公式（4－21）和公式（4－22），可求出切削方向以及垂直于切削方向的应力变化率 $\dot{\sigma}_{xx}$ 和 $\dot{\sigma}_{yy}$ 。对整个加载路径上进行积分可求出整个加载过程中工件中的应力。

4.2.3　应力释放过程

加载完成后，根据 Merwin 和 Johnson 提出的模型，应力和应变应满足边界条件[3]

$$(\varepsilon_x)_r = 0 \qquad (\sigma_x)_r = f_1(z) \qquad (\varepsilon_y)_r = 0 \qquad (\sigma_y)_r = f_2(z)$$
$$(\varepsilon_z)_r = f_3(z) \qquad (\sigma_z)_r = 0 \qquad (\gamma_{xz})_r = f_4(z) \qquad (\tau_{xz})_r = 0 \tag{4-23}$$

为了满足上述边界条件，在每个循环加载过程结束后都要进行应力释放过程，也就是说任何不为 0 的分量 σ_{zz}^{R} ，τ_{xz}^{R} ，ε_{xx}^{R} 和 T^{R} 需要逐步释放为 0。假设释放过程分为 M 步实现，每一步释放的分量表示为

$$\Delta\sigma_{zz} = -\frac{\sigma_{zz}^{R}}{M},\ \Delta\tau_{xz} = -\frac{\tau_{xz}^{R}}{M},\ \Delta\varepsilon_{xx} = -\frac{\varepsilon_{xx}^{R}}{M},\ \Delta T = -\frac{T^{R}}{M} \tag{4-24}$$

同样的，在释放过程中，也采用 Von Mises 屈服准则判断工件材料是否发生屈服。对于材料的应力释放过程可分为两种情况：完全弹性释放和塑性释放。对于完全弹性释放来说，$F < 0$ 或者满足 $F = 0$，并且 $\mathrm{d}S_{ij}n_{ij} \geqslant 0$。对于弹性释放过程来说，释放应力增量根据广义胡克定律按公式（4－25）计算

$$\begin{cases} \Delta\sigma_{xx} = \dfrac{E\Delta\varepsilon_{xx} + (1+\nu)(\Delta\sigma_{zz}\nu - E\alpha\Delta T)}{(1-\nu^2)} \\ \Delta\sigma_{yy} = \dfrac{\nu E\Delta\varepsilon_{xx} + (1+\nu)(\Delta\sigma_{zz}\nu - E\alpha\Delta T)}{(1-\nu^2)} \end{cases} \tag{4-25}$$

对于塑性释放过程来说，根据式（4－21）和式（4－22）可得应力释放过程中的增量为

$$
\begin{cases}
\Delta\sigma_{yy}=\dfrac{\left(-\dfrac{\upsilon}{E}+\dfrac{1}{h}n_{xx}n_{yy}\right)(C-\alpha\Delta T)-\left(\dfrac{1}{E}+\dfrac{1}{h}n_{xx}n_{xx}\right)(D-\alpha\Delta T)}{\left(-\dfrac{\upsilon}{E}+\dfrac{1}{h}n_{xx}n_{yy}\right)^2-\left(\dfrac{1}{E}+\dfrac{1}{h}n_{xx}n_{xx}\right)\left(\dfrac{1}{E}+\dfrac{1}{h}n_{yy}n_{yy}\right)} \\
\Delta\sigma_{xx}=\dfrac{D-\left(\dfrac{1}{E}+\dfrac{1}{h}n_{yy}n_{yy}\right)\Delta\sigma_{yy}-\alpha\Delta T}{-\dfrac{\upsilon}{E}+\dfrac{1}{h}n_{xx}n_{yy}}
\end{cases}
\tag{4-26}
$$

其中

$$
\begin{cases}
C=\Delta\varepsilon_{xx}+\left(\dfrac{\upsilon}{E}-\dfrac{1}{h}n_{xx}n_{zz}\right)\Delta\sigma_{zz}^{*}-\dfrac{2}{h}\Delta\tau_{xz}^{*}n_{xz}n_{xx} \\
D=\left(\dfrac{\upsilon}{E}-\dfrac{1}{h}n_{zz}n_{yy}\right)\Delta\sigma_{zz}^{*}-\dfrac{2}{h}\Delta\tau_{xz}^{*}n_{xz}n_{yy}
\end{cases}
\tag{4-27}
$$

通过上述应力释放过程得到的应力和应变结果将作为循环加载过程中的附加残余应力和应变，与上述利用流动法则得到的应力和应变相加作为此加载步的残余应力和应变。前一步加载得到的残余应力作为下一步加载的初始应力，如此循环，直到应力和应变进入稳定状态，这时候工件内的应力就是加工件表面的最终残余应力。

4.3 残余应力预测模型比较

下面主要比较两种残余应力预测模型：①本书建立的综合考虑“热-力”效应的残余应力预测模型；②基于 McDowell 算法的残余应力预测模型。主要从预测模型假设条件和预测模型结果两方面进行比较。

4.3.1 预测模型假设条件比较

两种残余应力预测模型的假设条件比较见表 4－1。

表 4－1　两种残余应力预测模型的假设条件比较

预测模型	本书建立的残余应力预测模型	基于 McDowell 算法的残余应力预测模型
假设条件	1. 切削过程为稳定状态，近似认为是平面应变 2. 工件与刀具接触为赫兹滚滑动接触 3. 在切削过程中材料发生塑性变形时遵循随动硬化准则 4. 考虑机械载荷和热载荷，不考虑材料相变对残余应力的影响	1. 切削过程为稳定状态，近似认为是平面应变 2. 工件与刀具接触为赫兹滚滑动接触 3. 在切削过程中材料发生塑性变形时遵循随动硬化准则 4. 考虑机械载荷，不考虑切削温度及材料相变等对残余应力的影响

4.3.2　预测模型结果比较

以非涂层刀具加工 AISI4130 合金钢为例，刀具前角为 5°，后角为 11°，刀尖圆弧半径为 30μm，在切削速度为 2.098m/s、切削深度为 0.0508mm、切削宽度为 4mm、微量润滑切削液流量为 16mL/h、气体压力为 40psi 的条件下，根据上述两种残余应力预测模型预测得到的残余应力结果如图 4－7 和图 4－8 所示。

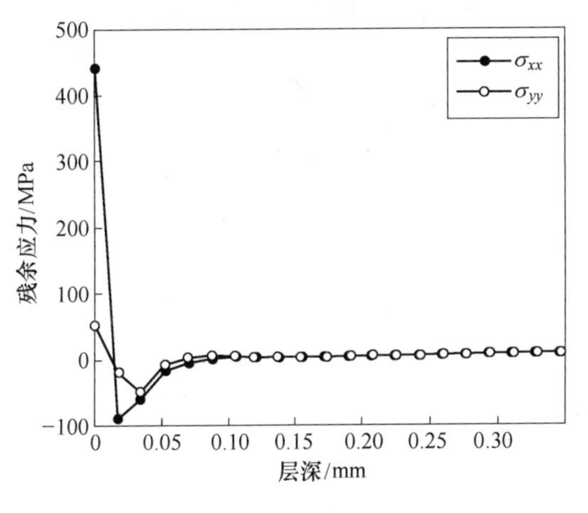

图 4－7　本书预测模型结果

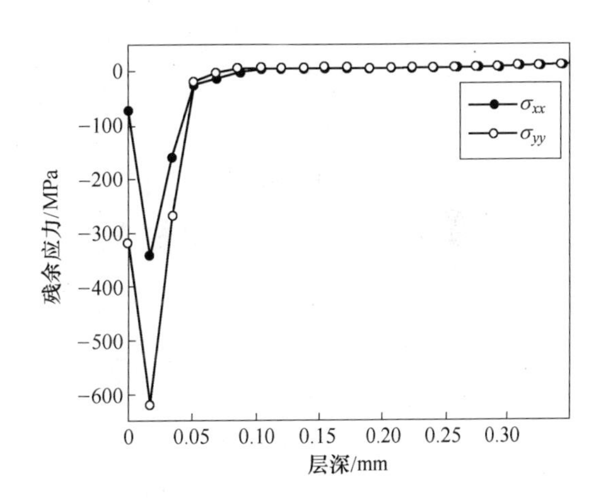

图 4－8　McDowell 预测模型结果

根据图 4－7 和图 4－8 的比较结果可知，不考虑切削温度对残余应力的影响时，工件表层（深度为 0）的切向残余应力为－161.5MPa,径向残余应力为－370.7MPa，主要表现为残余压应力。考虑切削温度对残余应力的影响时，工件表层（深度为 0）的切向残余应力为 457.5MPa，径向残余应力为－30.9MPa，切向残余应力主要表现为残余拉应力。由此可见，工件表层（深度为 0）的残余应力主要受切削温度的影响，切削温度对残余应力的影响主要表现为残余拉应力。图 4－8 预测得到的残余应力主要来自机械载荷的作用，根据图 4－7 和图 4－8 中的最大残余压应力可知，机械载荷对残余应力的影响主要表现为残余压应力。

4.4　本章小结

本章主要介绍微量润滑切削加工过程中在机械载荷和热载荷两

方面因素作用下工件表面的残余应力预测，主要研究内容如下：

1）根据第3章预测得到的微量润滑条件下的切削力和切削温度以及切削区域的几何形状，采用赫兹滚滑动接触模型，计算工件内由于机械载荷和热载荷产生的应力分布，并对工件内的应力分布进行分析。

2）将预测得到的工件应力分量代入增量“热-弹-塑”性模型中，采用McDowell混合算法，考虑微量润滑切削过程中，载荷大范围变化下工件材料的随动硬化，通过应力加载和应力释放两个过程来预测加工件表面最终的残余应力分布。

3）通过两种残余应力预测模型比较，研究了切削温度对残余应力的影响。由比较结果可以得出：由热载荷产生的残余应力主要表现为残余拉应力，由机械载荷产生的残余应力主要表现为残余压应力。

参考文献

[1] JOHNSON K L. Contact Mechanics [M]. New York：Cambridge University Press，1985.

[2] SAIF M，HUI C，ZEHNDER A. Interface Shear Stresses Induced by Non - uniform Heating of a Film on a Substrate [J]. Thin solid films，1993，224（2）：159 - 167.

[3] MERWIN J，JOHNSON K L. An Analysis of Plastic Deformation in Rolling Contact [J]. Proceedings of the Institution of Mechanical Engineers，1963，177（1）：676 - 690.

[4] McDOWELL D. An Approximate Algorithm for Elastic - plastic Two - dimensional Rolling/Sliding Contact [J]. Wear，1997，211（2）：237 - 246.

[5] JI X，LI B，LIANG S Y. Analysis of Thermal and Mechanical Effects on Residual Stress in Minimum Quantity Lubrication（MQL）Machining [J]. Journal of Mecha - nics，2018，34（1）：41 - 46.

[6] McDOWELL D L，MOYAR G J. A More Realistic Model of Nonlinear Material Response：Application to Elastic - plastic Rolling Contact [J]. Proceedings of the 2nd International Symposium on Contact Mechanics and Wear of Rail/Wheel Systems，Kingston，RI，July，1986，8 - 11.

[7] JIANG Y，SEHITOGLU H. Analytical Approach to Elastic - plastic Stress Analysis of Rolling Contact [J]. Journal of Tribology，Transactions of the ASME，1994，116（3）：577 - 587.

第5章 基于AISI4130合金钢直角车削试验的预测模型验证

为了验证前3章介绍的微量润滑预测模型，本章详细介绍了AISI4130合金钢的直角车削试验，测量切削加工过程中的切削力、切削温度以及加工件表面的残余应力。将模型预测结果与试验测量结果进行对比，从而验证预测模型的可靠性。

5.1 试验设计

5.1.1 加工试件设计

为了与前几章介绍的直角切削预测模型保持一致，试验选用薄壁圆筒件进行端面车削加工。切削材料为AISI4130合金钢，外径为 ϕ63.5mm，管壁厚为4.775mm，长度为60mm，几何尺寸如图5-1所示。材料屈服强度为482.65MPa，硬度为19HRC，化学成分及各元素含量见表5-1[1]。加工前对工件的上下表面进行磨削并进行退火去应力热处理。

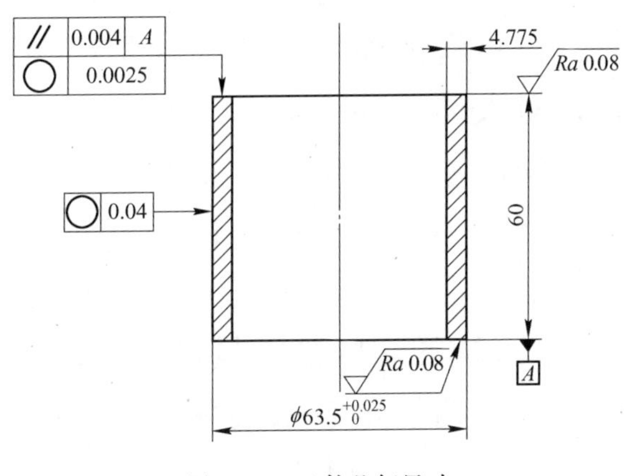

图5-1 工件几何尺寸

表 5-1 AISI4130 合金钢化学成分[1]

元素	C	Si	Mn	S	P	Cr	Ni	Cu	Mo
质量分数（%）	0.26～0.34	0.2～0.4	0.4～0.7	≤0.035	≤0.035	0.8～1.1	≤0.03	≤0.03	0.15～0.25

5.1.2 切削试验设计

试验采用不同的切削速度和进给量对 AISI4130 合金钢管在数控车床（HARDINGE T42SP）上进行端面车削，如图 5-2 所示。HARDINGE T42SP 属于高功率（11kW）、高精度（定位精度和回转精度为 1mm）、高转速（6000r/min）、高刚度和动态性能好的精密数控车床。加工的润滑条件分别为干切削、微量润滑切削和传统大流量润滑切削。切削速度和进给量的选择范围根据刀具供应商的推荐而定。试验用的是无涂层的硬质合金刀具，Sandvik 常规刀柄 LC123K08，前角为 5°，刀片类型为 N123K2-0600-0004-CR 1125，刀片后角为 11°，切削刃的长度为 6mm，刀尖圆弧半径为 30μm。

本试验中微量润滑供给系统采用 UNIST 公司生产的 COOLUBRICATOR 设备，如图 5-3 所示。该系统是独立的容积式连续喷雾系统。可通过调节微量润滑装置上的计量泵来调节输出的流量，计量泵可调节由喷嘴输出的空气雾化的密度以及喷射的距离和角度，喷射的角度范围为 15°～20°，喷射的面积可通过调节微量润滑喷嘴的位置来控制。微量润滑切削加工过程中的压力供给为连续的，试验过程中的空气压力为 40psi。切削液采用 UNIST 公司生产的 Coolube2210 植物润滑油。该切削液是一种可降解的基于天然酯组成的合成物，对人体和环境无危害。在实际加工过程中，通过试验观察调整微量润滑喷嘴的位置，来避免加工过程中切屑对微量润滑的影响。在本试验中，空气压力保持不变，主要改变微量润滑切削液的流量以及油雾混合比，来研究微量润滑参数对切削性能的影响。微量润滑供给系统的切削液流量可调节范围为 0～250mL/h，通过微量润滑供给系统上的计量泵来实现。微量润滑的空气和润滑油的比例分别选择高、中、低三个水平。

图 5－2　试验装置图

图 5－3　微量润滑供给系统

5.1.3　测试系统设计

（1）切削力测量

在本试验过程中的切削力通过压电式测力仪（Kistler 9257B）测量，测力仪的安装位置如图 5－4 所示。首先将测力仪通过夹具安装在车床上，然后将刀杆通过专用夹具安装在测力仪上。在切削过程中，切削力信号通过电荷放大器被采集到数据采集软件中。整个测试系统包括压电晶体三维测力仪、多通道电荷放大器、数据采集卡和计算机。

在图 5－5 中，通过数据采集软件 DynoWare 采集到的切削力包含三个方向：切削运动方向的主切削力 F_c、垂直于已加工面方向上的切削力 F_t、径向力 F_r。由于工件材料壁厚和外径之比为 1∶15，

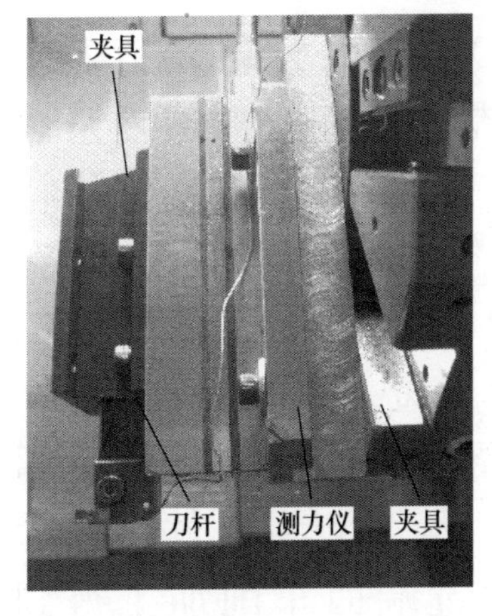

图 5－4　测力仪的安装位置

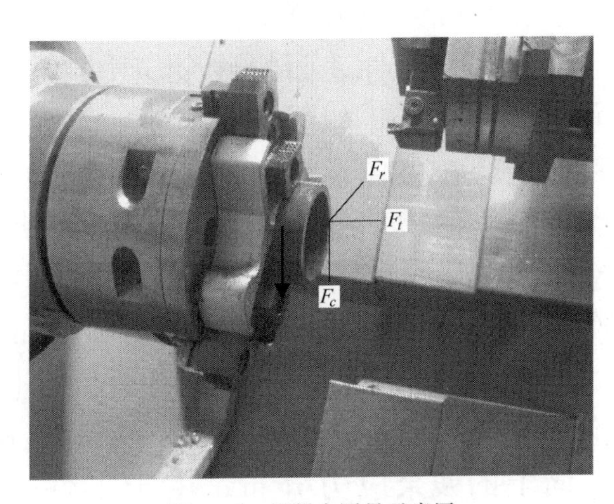

图 5－5　切削力测量示意图

因此切削加工可近似认为是直角切削，理论上径向力 F_r 可忽略不计。

（2）切削温度测量

在本试验过程中的切削温度分别采用热电偶和热成像仪两种方法进行测量。利用导热合成胶将热电偶黏结在后刀面离刀尖 4.3mm 处，如图 5－6 所示，分别测量干切削、微量润滑加工以及大流量润滑加工下的切削温度。采用 FLIR 公司生产的 SC6000 热成像仪，将热成像仪用三脚架固定在车床正前方，如图 5－7 所示。在实际加工试验过程中，由于红外线不能穿透玻璃，考虑到大流量润滑切削加工试验的操作安全，必须关闭车床安全操作门，因此红外热成像仪只测量了干切削和微量润滑条件下的切削温度。

图 5－6　热电偶的安装位置

图 5－7　红外热成像仪的安装位置

（3）残余应力测量

切削加工件表面的残余应力通过 ProtoLXRD 型 X 射线衍射应力测力仪测量，如图5－8所示。该仪器能够提供良好的测试复杂性和速度，在整体设计上保证其能超负荷工作。LXRD 型测力仪的特点是独立的模块式测角仪系统，为使用者提供更高水平的灵活度。X 射线的靶材为 CrKa，X 电管的工作电压为 30.0kV，X 电管的工作电流为 25.0mA，采用 1mm ×3mm 的矩形光斑。

如图 5－9 所示，分别测量工件切向和径向上的残余应力。用饱和食盐水对加工件表面进行逐层电解腐蚀，从而测量工件沿深度方向上的残余应力分布。由于工件表面是通过端面车削加工得到的，因此加工件表面的应力在同一深度上可认为是不变的。在工件表面选取 6 个点采用 3A 的电流分别对其腐蚀 1s、3s、5s、10s、15s、20s，从而获得不同的腐蚀深度。利用三维表面光学轮廓仪（KS1100）测量各个点的腐蚀深度，如图 5－10 所示。

图 5－8　X 射线衍射应力测力仪

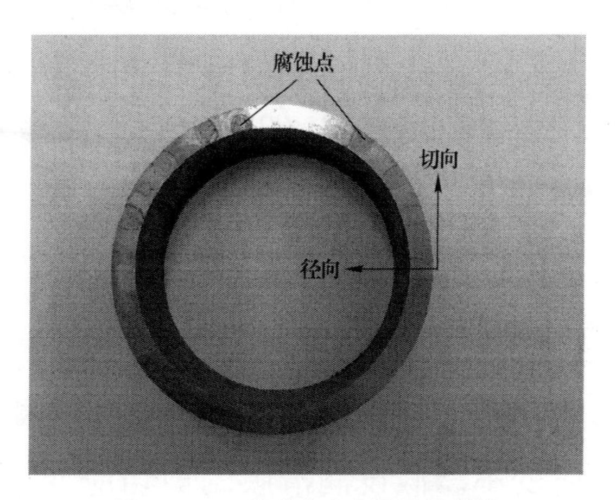

图 5－9　工件残余应力测试示意图

（4）刀具表面形貌测量

利用边界润滑模型确定微量润滑加工过程中的摩擦系数前有必要对刀具表面形貌进行测量，从而获得边界润滑模型中的一些参数。在切削加工试验前，利用 Zygo NewView200 对刀具表面形貌进行测量（见图 5－11），得到刀具表面微观粗糙点的分布密度大约为 $100mm^{-1}$，微观粗糙点的高度约为 5μm。

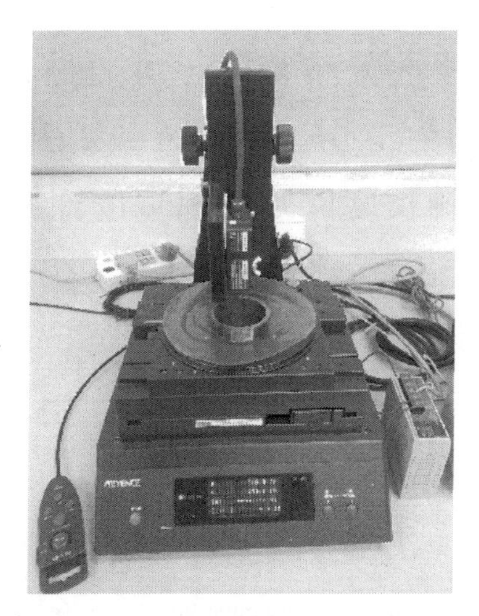

图 5－10　腐蚀深度测量示意图

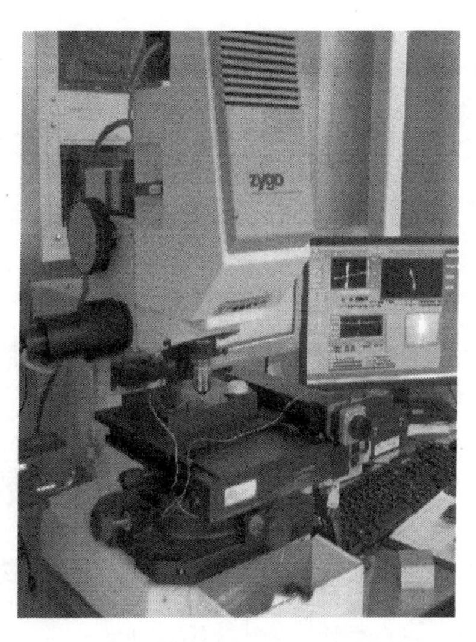

图 5－11　刀具表面形貌测量示意图

5.2 试验结果分析及模型验证

5.2.1 预测模型中的参数确定

(1) 边界润滑模型中的参数确定

在利用公式 (2-17) 计算微量润滑条件下的摩擦系数前需要确定边界润滑模型中的一些参数。首先，根据公式 (5-1) 计算吸收润滑膜接触区域的剪切强度[2]

$$s_b = \rho \dot{\gamma} \nu \tag{5-1}$$

式中，ρ 为润滑膜的密度；ν 为润滑膜的运动黏度；$\dot{\gamma}$ 为润滑膜的剪切应变率。假设润滑膜的剪切应变率近似等于切屑的剪切应变率，而切屑的剪切应变率根据公式 (3-7) 求得。

公式 (2-17) 中的参数 C_1 根据 2.1 节的分析可知为干切削条件下的摩擦系数，因此可根据 Oxley 预测模型得到。系数 C_2 用来计算吸收润滑膜区域的平均接触压力，根据 Kato 的边界润滑模型[3]，在本分析中假设为 0.5。系数 C_3 根据公式 (2-8) 求出。

刀屑接触面的微观粗糙点的总个数根据公式 (5-2) 预测[3]

$$n_0 = A_0 z^2 \tag{5-2}$$

式中，z 为刀屑接触面的微观粗糙点的线性分布密度，可通过光学干涉仪 (Zygo NewView 200) 测量得到为 100mm^{-1}；A_0 为刀具和切屑的接触面积，根据刀具与切屑的接触长度以及切削宽度计算

$$A_0 = hw \tag{5-3}$$

式中，h 为刀具和切屑的接触长度；w 为切削宽度。

微观粗糙点的高度 H_{max} 通过光学干涉仪测量为 $5\mu\text{m}$。用于预测微量润滑计算模型中的参数见表 5-2。

表 5-2 微量润滑计算模型中的参数

参数	t_b /μm	C_2	H_{max} /μm	R /μm	D	z /mm^{-1}	ν /(mm^2/s)	ρ /(g/cm^3)
值	0.15	0.5	5	20	1.5	100	10	0.89

（2）材料参数确定

工件材料 AISI4130 合金钢的热导率、比热容以及密度见表 5－3。

表 5－3　工件材料 AISI4130 合金钢的热导率、比热容以及密度[4]

材料	热导率 κ/[W/(m·K)]	比热容 c_p/[J/(kg·K)]	密度 ρ/(kg/m^3)
AISI4130	42.7	477	7850

在 3.1 节介绍切削力预测模型中需利用 Johnson－Cook 流动应力模型预测切削过程中的流动应力，AISI4130 合金钢的 Johnson－Cook 材料常数见表 5－4。

表 5－4　AISI4130 合金钢的 Johnson－Cook 材料常数[4]

材料	A/MPa	B/MPa	C	m	n	T_m/℃
AISI4130	610	750	0.008	1	0.25	1432

刀片材料的性能参数见表 5－5。

表 5－5　刀片材料的性能参数

刀片材料	热导率 κ/[W/(m·K)]	比热容 c_p/[J/(kg·K)]	密度 ρ/(kg/m^3)	弹性模量/MPa	泊松比
未涂层硬质合金	44	750	4370.1	560	0.3

5.2.2　切削力预测模型验证

（1）干切削加工

干切削条件下的切削参数和试验测量结果见表 5－6。第 1 组试验测得的切削力如图5－12所示，图（a）显示了切削力的原始数据，图（b）显示了滤波后的数据。从图5－12可以看出，测量到的切削力数据平稳，相对于切向力 F_c 和轴向力 F_t ，径向力 F_r 近似为 0，因此可忽略不计。这是因为工件材料壁厚和外径之比为 1：15，因此加工可近似认为是直角切削，与预测模型保持一致。

表 5－6　AISI4130 合金钢干切削条件下的测量结果

试验号	切削速度 v/(m/s)	切削深度 DOC/mm	切削宽度/mm	前角/(°)	切向力 F_c/N	轴向力 F_t/N
1	1.049	0.0508	4.775	5	682.83	491.34
2	1.049	0.1016	4.775	5	1088.30	669.77
3	1.049	0.1524	4.775	5	1463.80	821.86
4	3.147	0.0508	4.775	5	632.68	501.03

（续）

试验号	切削速度 v/(m/s)	切削深度 DOC/mm	切削宽度/mm	前角/(°)	切向力 F_c/N	轴向力 F_t/N
5	3.147	0.1016	4.775	5	1059.50	697.31
6	3.147	0.1524	4.775	5	1394.10	758.45
7	2.098	0.0508	4.775	5	708.84	576.06
8	2.098	0.1524	4.775	5	1378.80	753.03

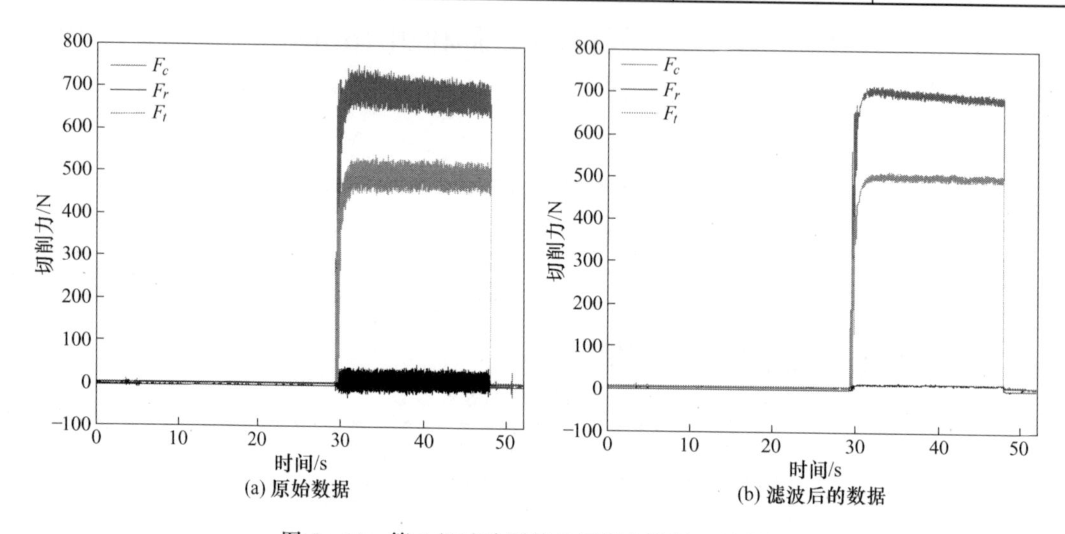

图 5－12　第 1 组试验测量的切削力数据（见彩插）

从表 5－6 中可以看出，在其他切削条件都相同的情况下，切向力和轴向力随着切削深度的增加而增加，随着切削速度的加快而降低，但趋势不明显。这是因为当当切削深度增加时，切削面积增大，切削过程中弹塑变形总量增加，因此切削力增加。切削力随着切削速度的加快而降低，这是因为当切削速度提高时，切削过程中产生的热量来不及散去，从而导致切削区域温度升高，材料发生软化，切削力降低。

根据预测模型预测得到的流动应力、剪切角、摩擦系数、总切削力和犁削力见表5－7。由预测结果可见，当切削速度一定时，摩擦系数随着进给量的增大而减小，但趋势不明显。这是因为进给量增大时，前刀面上的正应力也随之增大，所以摩擦系数略为下降。在切削方向上，无论是切屑成形力还是犁削力，都随着进给量的增加而增加。这是由于进给量增加也就是切削厚度增加，因此切削力增加。但由于进给量增加时，切屑的变形系数减小，摩擦系数也随之减小，从而摩擦力减小。由于正反两方面的作用，使得切削力的增加速度与进给量的增加速度不成正比。

当进给量一定时，摩擦系数随着切削速度的加快而减小，但增加趋势不明显。当切削速度增加时，在切削方向上切削力显著减小，这是因为切削速度增加后，摩擦系数减小，从而变形系数也减小，使切削力变小。一方面，切削速度增加，切削温度也随之升高，被加工金属的强度和硬度降低，导致切削力降低；另一方面，对于切屑成形力和犁削力来讲，切削速度和进给量对垂直于加工件表面方向上的切削力基本无影响。

表 5－7　AISI4130 合金钢干切削条件下的详细预测结果

试验号	流动应力 k_{ab}/MPa	剪切角/(°)	μ	F_c/N	F_t/N	P_c/N	P_t/N
1	607.60	27.5	0.7118	501.17	271.47	101.40	240.75
2	594.36	27.5	0.7118	980.49	531.11	99.19	235.51
3	586.89	30.0	0.6087	1334.70	603.43	97.94	232.55
4	586.89	30.0	0.6087	444.90	201.14	97.94	232.55
5	578.85	30.0	0.6087	877.61	396.78	96.60	229.36
6	578.03	32.5	0.5111	1209.90	442.10	96.46	229.04
7	594.36	27.5	0.7118	490.25	265.55	99.19	235.51
8	578.85	30	0.6087	1316.40	595.17	96.60	229.36

在干切削条件下，根据切削力预测模型得到的切削力预测分解结果如图 5－13 所示。本书中的切削力预测模型由于不考虑刀具磨损，因此总切削力主要包括由于剪切变形产生的切屑成形力和由于刀尖与已加工表面挤压摩擦产生的犁削力。从图 5－13（a）中可以看出，切削方向的切削力主要来自切屑成形力。从图 5－13（b）中可以看出，在垂直于切削方向上，切屑成形力和犁削力相对来说比较平衡。由比较分析结果可知，刀尖圆角对垂直于切削方向上的切削力影响比较显著。这是由于刀尖圆角增大时，切削过程中刀尖与已加工表面之间的挤压变形增加，因此垂直于加工面上的切削力增加。

干切削条件下试验测量到的总切削力和模型预测的总切削力比较如图 5－14 所示。从图 5－14 中可见，预测结果和试验测量值比较吻合。在试验测量范围内，切向力预测误差在 0.79%～16.84% 范围内，平均误差为 7.82%。轴向力预测误差在 1.72%～14.46% 范围内，平均误差为 9.77%。由试验测量值和预测结果比较发现，

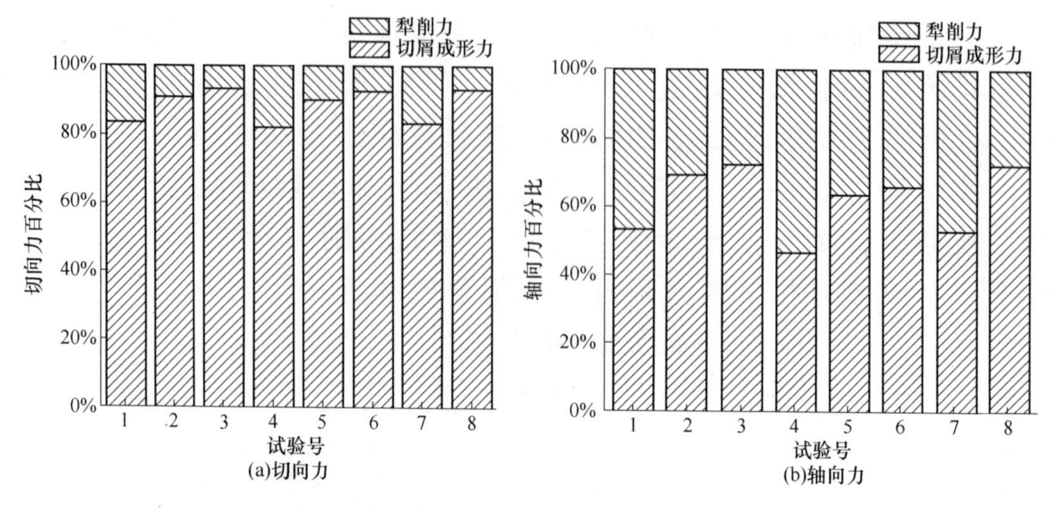

图 5－13　干切削条件下切削力分解预测结果

预测结果小于实际测量结果，这可能是由于预测模型不考虑刀具磨损，而实际试验过程中刀具磨损不可避免。

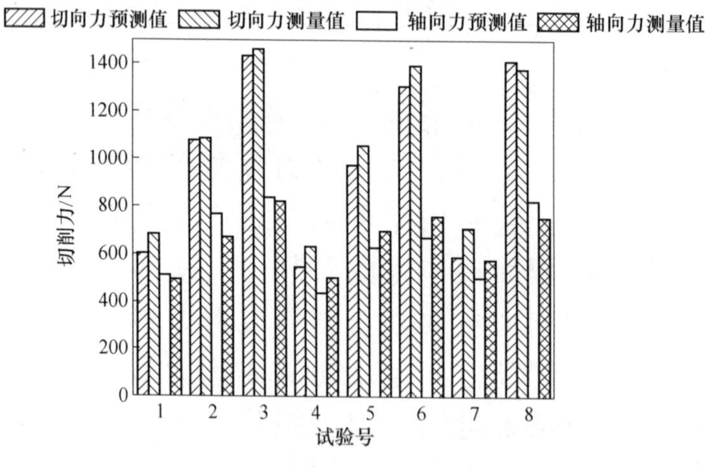

图 5－14　AISI4130 合金钢干切削条件下试验测量切削力与模型预测结果对比

（2）微量润滑切削加工

本试验中微量润滑参数主要考虑切削液流量和油雾混合比这两个参数，空气压力在试验过程中保持不变。微量润滑条件下油雾混合比分为高、中、低三个水平，分别用 H、M、L 表示。首先讨论油雾混合比为中等水平，切削液流量为 16mL/h 条件下的切削力，切削参数和试验测量结果见表 5－8。

表 5-8　AISI4130 合金钢微量润滑切削条件下测量到的切削力

试验号	$v/(\mathrm{m/s})$	DOC/mm	切削液流量/(mL/h)	油雾混合比	F_c/N	F_t/N
9	1.049	0.0508	16	M	676.07	485.77
11	1.049	0.1016	16	M	1075.50	659.93
12	1.049	0.1524	16	M	1484.10	851.08
13	2.098	0.0508	16	M	660.60	507.29
14	2.098	0.1016	16	M	1044.80	657.29
16	2.098	0.1524	16	M	1376.20	737.92
17	3.147	0.0508	16	M	642.56	512.70
18	3.147	0.1016	16	M	1057.00	710.36
19	3.147	0.1524	16	M	1375.70	748.22

根据表 5-8 的试验测量结果可知，在微量润滑条件下，当其他切削参数保持不变时，切削力随着切削深度的增大而增大，随着切削速度的加快而降低，降低趋势不明显。这是由于切削深度增加时，切削面积增大，由此产生的塑性变形增加，从而导致切削力增大。切削速度提高时，切削温度上升，材料硬度和强度降低，从而导致切削力降低。

假设微量润滑切削液的流量与边界润滑膜厚度 t_b 成正比，其比例系数通过试验测量结果进行校核。随机选择第 9 组试验来校核边界润滑膜的厚度 t_b 以及温度模型中传热系数的修正系数 λ [见公式(2-25)]。根据第 9 组试验测量结果和预测结果，当微量润滑切削液的流量为 16mL/h 时，边界润滑膜的厚度 t_b 为 0.1mm。根据第 2 章的分析可知，油雾混合比主要影响传热系数。在本试验中，当油雾混合比为中等水平时，传热系数的修正系数 λ 为 427。根据预测模型预测得到的摩擦系数、流动应力、剪切角、切屑成形力和犁削力见表 5-9。第 10 组和第 15 组试验的切削力未测量得到。由表 5-9 预测结果可以看出，当切削速度一定时，摩擦系数随着进给量的增大而减小，但趋势不明显。切向力随着进给量的增大而增大。与之相反的是，切向力随着切削速度的增大而显著降低。这主要是因为随着切削速度的提高，切削温度也随之提高，被加工金属的强度和硬度降低，导致切削力降低。对于犁削力来说，无论是切向犁削力还是轴向犁削力，都对切削速度和进给量的变化不敏感。

表 5-9　AISI4130 合金钢微量润滑切削条件下的详细预测结果

试验号	k_{ab}/MPa	剪切角/(°)	μ	F_c/N	P_c/N	F_t/N	P_t/N
9	529.60	42.5	0.7098	510.5	88.38	275.66	209.85
11	457.02	45.0	0.7098	963.91	76.27	520.47	181.09
12	480.68	47.5	0.6070	1381.8	80.22	622.71	190.46
13	451.47	45.0	0.7098	476.1	75.34	257.08	178.89
14	454.09	47.5	0.6070	870.26	75.78	392.17	179.93
16	443.09	45.0	0.6070	1173.9	74.94	528.99	175.57
17	475.05	47.5	0.6070	455.22	79.28	205.14	188.23
18	441.90	45.0	0.6070	780.48	73.75	351.71	175.1
19	472.36	47.5	0.5097	1145.3	78.83	417.06	187.17

在微量润滑条件下，根据预测模型得到的切削力预测分解结果如图 5-15 所示，图5-15（a）表示切向力，图 5-15（b）表示轴向力。从图 5-15 中可以看出，在切削方向上，切削力主要来源于切屑成形力，约占总切削力的 90%。在垂直于已加工表面的方向上，切屑成形力约占总切削力的 66%。与干切削条件下的切削力分解结果相比，微量润滑对切屑成形力和犁削力占总切削力的百分比基本无影响。

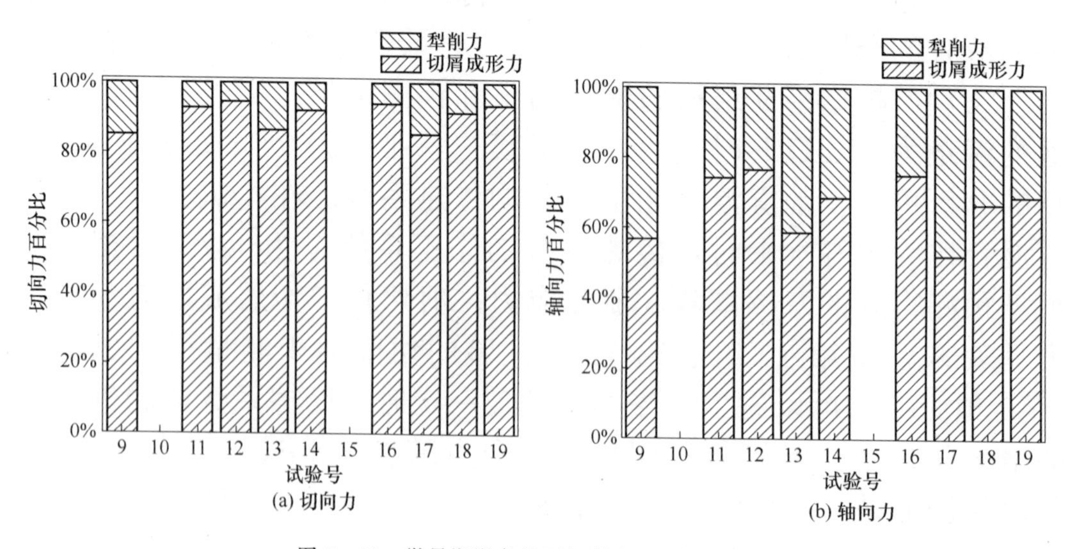

图 5-15　微量润滑条件下切削力预测分解结果

另一方面，从图 5-15 中可以看出，无论是切向力还是轴向力，随着进给量的增大，切屑成形力占总切削力的百分比也随之增大。这是因为进给量增大，切削功增大，总切削力也相应增大。而增加的切削力主要来源于切屑成形力，犁削力的大小主要取决于刀尖圆弧半径，因此进给量增大对犁削力的大小基本无影响。

微量润滑切削液的流量为 16mL/h、油雾混合比为中等水平时的实际测量切削力和预测结果比较如图 5－16 所示。从图 5－16 可以看出，无论是切向力还是轴向力，预测得到的切削力与试验测量值都吻合良好。切向力的预测误差范围为 1.48％～16.82％（第 18 组试验除外），平均预测误差为 9.91％。轴向力的预测误差范围为 0.06％～23.27％（第 18 组试验除外），平均预测误差为 10.61％。比较试验测量值和预测结果可以看出，无论是切向力还是轴向力，预测切削力明显小于试验测量值，这主要是由预测模型未考虑刀具磨损引起的。比较第 9 组试验至第 19 组试验还发现，预测误差呈增大趋势。这是因为实际试验过程中，从第 9 组试验到第 19 组试验使用的是同一把刀具，随着试验的进行，刀具磨损加剧，因此由刀具磨损带来的预测误差也随之增大。

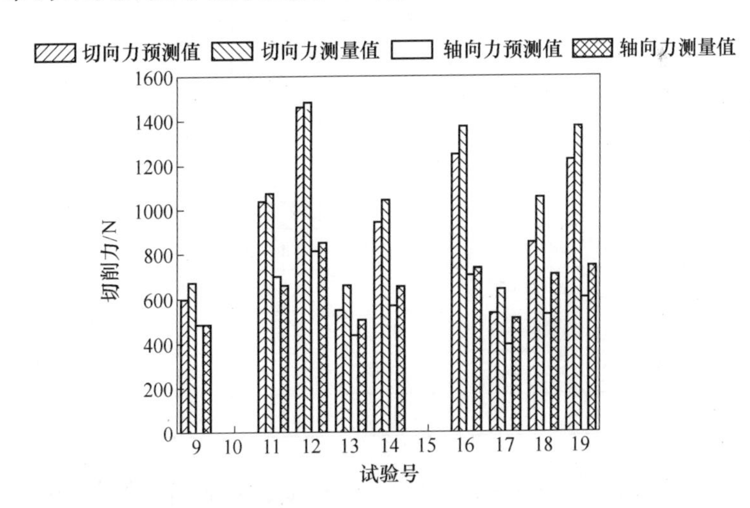

图 5－16　AISI4130 合金钢微量润滑切削条件下试验测量切削力与预测结果对比

当切削液流量分别为 32mL/h、48mL/h 和 64mL/h，油雾混合比为中等水平时，试验测量得到的切削力以及预测的流动应力、剪切角、摩擦系数和预测切削力见表 5－10。随机选择第 20 组试验来校核边界润滑膜的厚度 t_b，比较试验测量值与预测结果，当切削液的流量为 48mL/h 时，边界润滑膜的厚度 t_b 为 0.3mm。结合第9组微量润滑切削液的流量为16mL/h时，边界润滑膜的厚度t_b为0.1mm，假设边界润滑膜的厚度t_b与切削液流量成正比，那么切削液流量为32mL/h和64mL/h时，对应的润滑膜厚度分别为0.2mm和0.4mm。根据2.3节的分析可知，油雾混合比主要影响切削过程中的传热系数，根据第9组试验的预测结果与实际测量结果的比较可知，油雾混合比为中等水平时，热对流系数的修正系数λ为427。

表5-10 油雾混合比一定时不同流量下的试验测量结果及预测结果

试验号	v/(m/s)	DOC/mm	切削液流量/(mL/h)	k_{ab}/MPa	剪切角/(°)	μ	预测值		测量值	
							F_c/N	F_t/N	F_c/N	F_t/N
20	2.098	0.0508	48	474	45	0.6521	530	409	669	521
21	2.098	0.1016	48	491	47.5	0.5585	944	546	1060	671
22	2.098	0.1524	48	446	50	0.5584	1357	700	1389	749
23	3.147	0.0508	48	502	50	0.5586	566	396	640	508
24	3.147	0.1016	48	445	50	0.5584	927	524	1026	662
25	3.147	0.1524	48	473	47.5	0.5070	1220	600	1350	717
26	2.098	0.0508	32	451	45	0.7078	550	434	672	525
27	2.098	0.1016	32	454	47.5	0.6053	944	570	1056	671
28	2.098	0.1524	32	443	45	0.6053	1245	702	1395	761
29	3.147	0.0508	32	475	47.5	0.6053	533	392	640	507
30	3.147	0.1016	32	442	45	0.6053	852	525	1075	709
31	3.147	0.1524	32	472	47.5	0.5084	1222	602	1398	775
32	2.098	0.0508	64	452	45	0.7038	547	431	669	515
33	2.098	0.1016	64	454	47.5	0.6020	939	565	1058	669
34	3.147	0.0508	64	475	47.5	0.6020	531	390	643	509
35	3.147	0.1016	64	442	45	0.6020	849	521	1032	665
36	3.147	0.1524	64	473	47.5	0.5056	1217	598	1346	719
37	2.098	0.1524	64	443	45	0.6020	1240	696	1389	749

分析表5-10的测量结果可知，在试验测量范围内，当切削参数不变时，无论是切向力还是轴向力，都随切削液流量的增大先减小后增大，但变化趋势不明显。如当切削速度为2.098m/s、切削深度为0.0508mm、切削液流量为32mL/h时，测量到的切向力为672N。当切削液的流量增大到48mL/h时，测量到的切向力为669N，切向力随着切削液流量的增大而减小。但当切削液流量继续增大到64mL/h时，测量到的切向力仍为669N，无明显变化。

这是因为实际切削试验过程中，由于产生的连续切屑部分遮挡了微量润滑的喷雾，从而影响了微量润滑的润滑效果和冷却效果。因此，实际试验测量得到的切削力随着微量润滑切削液流量的变化不明显。

当切削速度为 2.098m/s、切削深度为 0.0508mm、油雾混合比为中等水平时，不同切削液流量下预测得到的切削力和试验测得的切削力比较如图 5－17（a）所示。根据比较结果，切向力预测误差为 18.2%～20.6%，轴向力预测误差为 16.3%～21.4%。当切削速度为 3.147m/s、切削深度为 0.1016mm、油雾混合比为中等水平时，不同流量下预测得到的总切削力和试验测得的总切削力比较如图 5－17（b）所示。根据比较结果，切向力预测误差为 9.6%～20.7%，轴向力预测误差为 20.8%～25.9%。由预测结果可以看出，在试验范围内，当其他切削条件都相同时，切削力随着切削液流量的增大先减小后增大。由切削介质的渗透机理分析可知，当切削液流量增大时，润滑效果显著提高，导致切削力减小。但切削液流量增大到一定程度时，也就是达到最佳润滑效果时，切削力不再随着切削液流量的增大而增大。在实际试验过程中，不同流量下测得的切削力无明显变化，这可能是由于试验过程中产生的连续切屑导致微量润滑喷嘴位置发生变化，从而影响了微量润滑的效果。比较图 5－17（a）和（b）可以看出，预测误差明显增大，这主要是由于该预测模型未考虑刀具磨损，并且在实际试验过程中，从第 20 组试验至第 37 组试验采用的是同一把刀具，随着切削加工的进行，刀具磨损加剧，因此预测误差也会越来越大。另外，从图中可以看出，预测误差增大的趋势在轴向力方向上尤为显著。这主要是由于随着切削加工的进行，刀具磨损加剧，而由 3.1.2 节分析可知，刀具磨损会导致刀具与已加工表面挤压摩擦增大，因而轴向力增大，由此带来的轴向力上的误差也增大。

下面分析不同油雾混合比条件下测得的切削力以及模型预测结果。表 5－11 显示了不同切削参数及微量润滑参数下的试验测量结果以及模型预测得到的流动应力、剪切角、传热系数及切削力。预测切削力和试验测量值比较如图 5－18 所示。根据第 38 组试验和第 42 组试验分别验证低油雾混合比和高油雾混合比下的修正传热

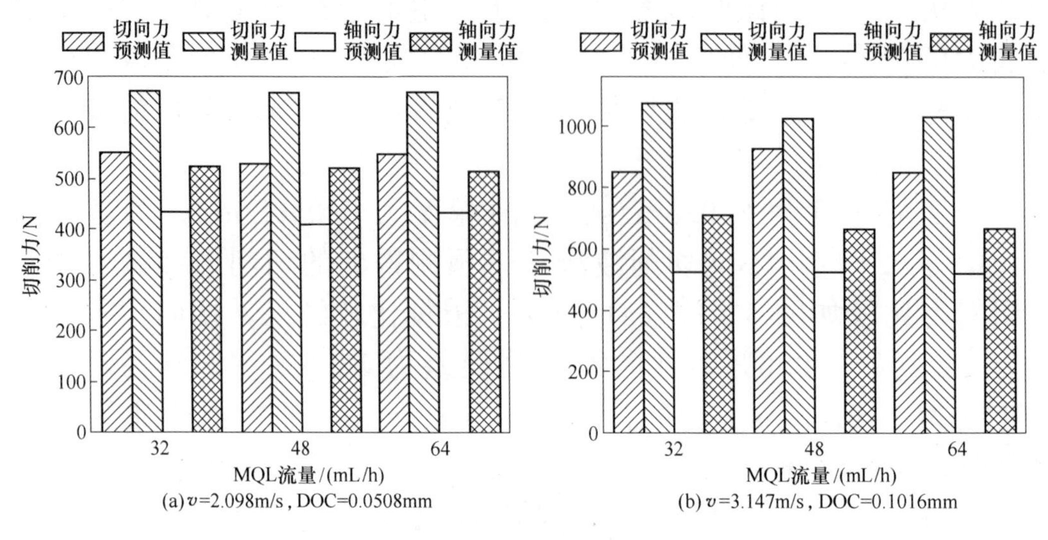

图 5-17 不同切削液流量下试验测量的切削力与预测结果对比

系数λ，根据试验测量值和理论预测值比较确定λ分别为 512、342。比较试验测量结果与预测结果可知，切向力的预测误差为 10.3%～25.1%，轴向力的预测误差为 13.8%～22%，预测得到的切削力总体来说偏小。分析预测误差可能来源于：①本书中的预测模型基于锋利刀具建立的，未考虑刀具磨损的情况，而实际试验过程中，刀具磨损不可避免；②本试验过程中，从第 38 组试验到第 45 组试验采用的是同一把刀具，随着刀具磨损的加剧，预测误差也随之增大。

表 5-11 不同油雾混合比不同流量条件下的切削力

试验号	v/(m/s)	DOC/mm	切削液流量/(mL/h)	油雾混合比	k_{ab}/MPa	剪切角/(°)	μ	h_{eff}/[J/(m²·s·℃)]	预测值		测量值	
									F_c/N	F_t/N	F_c/N	F_t/N
38	2.098	0.0508	48	L	458	45	0.7058	9.4121e5	556	439	673	525
39	2.098	0.1016	48	L	458	47.5	0.6037	9.4121e5	948	572	1057	664
40	2.098	0.1016	16	L	457	47.5	0.6070	9.4121e5	953	576	1063	677
41	2.098	0.0508	16	L	458	45	0.7098	9.4121e5	560	442	675	525
42	2.098	0.0508	16	H	446	42.5	0.7098	6.2748e5	504	408	671	517
43	2.098	0.1016	16	H	451	47.5	0.6070	6.2748e5	939	568	1062	677
44	2.098	0.1016	48	H	451	47.5	0.6037	6.2748e5	934	563	1056	663
45	2.098	0.0508	48	H	446	42.5	0.7058	6.2748e5	502	406	671	521

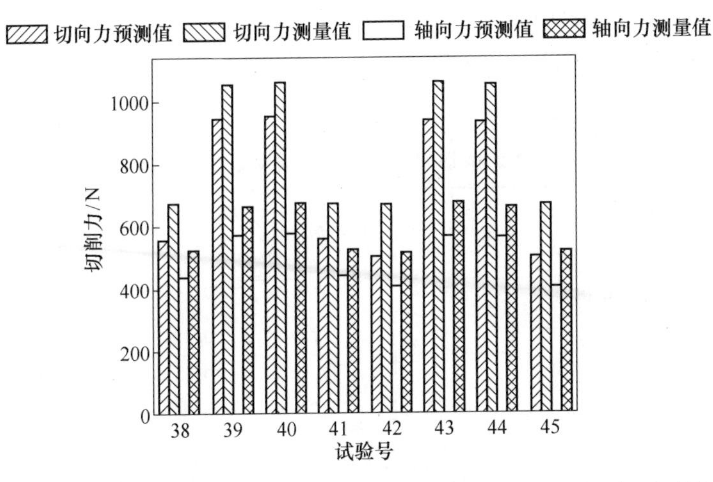

图 5－18　不同切削液流量及不同油雾混合比条件下测量的切削力与预测结果对比

当切削速度为 2.098m/s，切削深度分别为 0.0508mm 和 0.1016mm，切削液的流量分别为 16mL/h 和 48mL/h 时，三种油雾混合比水平下测量到的切削力如图 5－19 所示。从图 5－19（a）中可以看出，在试验测试范围内，当其他切削条件不变的情况下，切削力随着油雾混合比的增大而降低，在小切深条件下，轴向力的下降趋势比较明显，切向力变化不明显。这是因为油雾混合比中空气含量提高时，微量润滑的润滑效果和冷却效果提高，因此切削力降低。当切削深度增加时，切削力增大，由油雾混合比带来的对切削力的影响小于切削深度对切削力的影响，因此图 5－19（b）中切削力无规律变化。

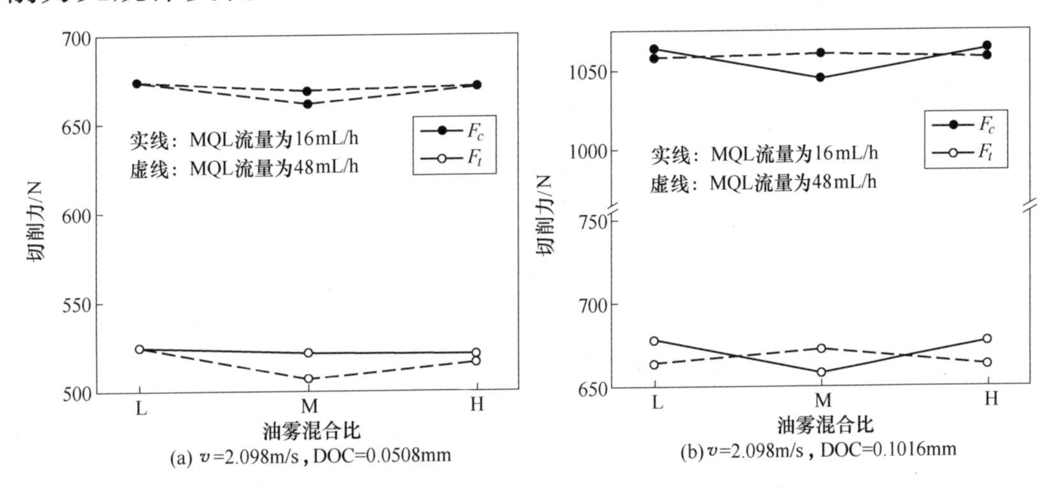

图 5－19　不同切削液流量和油雾混合比下测得的切削力

（3）传统大流量润滑切削加工

传统大流量润滑切削条件下的试验测量结果以及详细预测结果见表 5－12。

表 5－12 传统大流量润滑切削条件下的试验测量结果以及详细预测结果

试验号	v/(m/s)	DOC/mm	k_{ab}/MPa	剪切角/(°)	μ	预测值		测量值	
						F_c/N	F_t/N	F_c/N	F_t/N
46	2.098	0.0508	453	45	0.6919	538	422	667	518
47	2.098	0.1016	455	47.5	0.5919	924	551	1072	672
48	2.098	0.1524	444	47.5	0.5919	1315	718	1399	739
49	1.049	0.0508	538	45	0.6920	639	501	690	527
50	1.049	0.1016	458	45	0.6919	1012	672	1095	656
51	1.049	0.1524	492	47.5	0.5920	1457	796	1467	787
52	3.147	0.0508	487	47.5	0.5920	535	391	614	376
53	3.147	0.1016	443	47.5	0.5919	899	536	1030	642
54	3.147	0.1524	479	47.5	0.4973	1220	592	1354	703

根据试验测量结果得到的切削力随着切削速度和切削深度的变化曲线如图 5－20 所示。由试验测量结果可知，在大流量润滑条件下，切向力和轴向力都随着切削速度的增大而减小，随着切削深度的增加而增大。这是因为切削深度增加时，切削面积增大，在切削过程中的塑性变形加剧，因此切削力增大。当切削速度提高时，切削温度提高导致工件材料硬度和刚度降低，因此切削力减小。

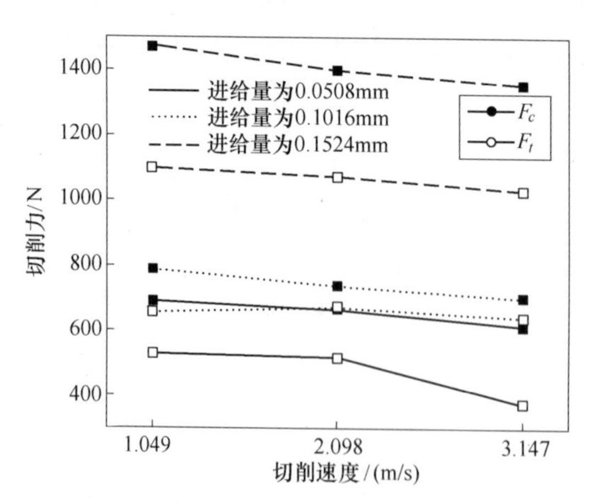

图 5－20 大流量润滑条件下切削力随着切削参数变化的关系

随机选取第 46 组试验来校核切削过程中边界润滑膜的厚度，经试验测量结果和预测结果对比，确定本试验大流量润滑条件下，边界润滑膜的厚度为 1mm，传热系数的修正系数为 514。根据预测模型预测得到的切削力与实际测量结果比较如图 5－21 所示。根据图 5－21 比较结果可知，切向力预测误差为 4%～22%，平均误差为 9.8%，轴向力预测误差为 1.1%～24.5%，平均误差为 6.7%。从图 5－21 中可以看出，预测得到的切削力明显小于试验测量值，这一现象和干切削以及微量润滑条件相同，主要是因为预测模型未考虑刀具磨损。比较第 46 组试验至第 54 组试验预测误差可以发现，随着试验号的增加，预测误差增大，这是因为在本组试验条件下使用的是同一把刀具，随着切削加工的进行，刀具磨损加剧，因此由刀具磨损引起的预测误差增大。

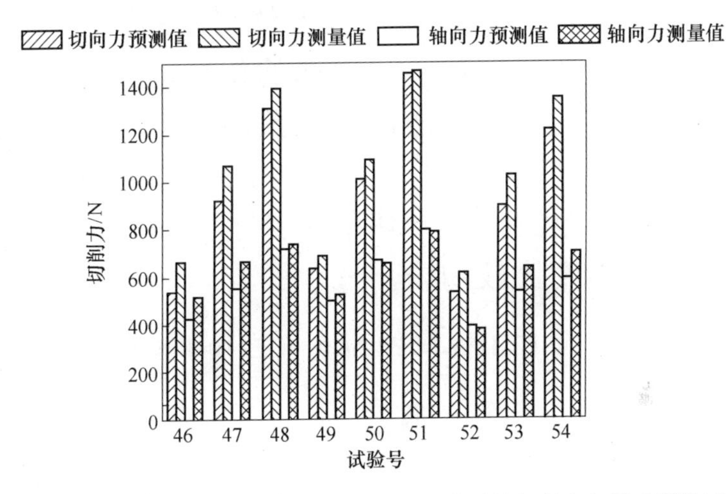

图 5－21　AISI4130 合金钢大流量润滑条件下试验测量切削力与模型预测结果对比

综上所述，对于切削力预测模型，无论是干切削、微量润滑还是传统大流量润滑，预测得到的切削力小于实际试验测量结果，但总体来说预测结果与实际测量结果比较吻合。

5.2.3　切削温度预测模型验证

（1）干切削加工

干切削条件下预测得到的温度与试验测量结果比较如图 5－22 所示。从图 5－22 中可以看出，由热电偶测量到的温度与预测结果和热成像仪测量得到的温度差别较大。根据实际切削试验过程分析可知，热电偶通过导热合成胶粘在后刀面上，热量从刀尖传递到热电偶处需要一定的时间，由于切削时间较短，未达到温度测量的稳定阶段，因此用热电偶测量得到的温度普遍偏小。这一原因可通过以下几种现象进行验证：①图 5－23 显示的是实际热电偶测量到的温度，从图中可以看出，测量的切削温度迅速上升又迅速下降，未出现稳定区域，由此可以推断：实际切削时间过短导致温度测量还未达到稳定状态，因此热电偶测量到的温度值偏小；②实际试验测量过程中切削长度保持恒定为 20mm，当切削长度一定的情况下，较小的切削深度导致切削时间较长，因此更趋近于稳定切削状态，测量到的温度与实际温度更接近，比较第 1、2、3 组的热电偶测量结果与预测结果发现，预测误差随着切削深度的增大而增大。另外，从图 5－22 中可以发现，第 3 组试验条件下利用热成像仪测量到的温度达到 1000℃。通过观察热成像仪记录的试验过程发现，加工过程中产生的连续切屑挡住了热电偶的位置，因此热成像仪记录下的温度实际是切屑的温度。通过比较预测温度和热成像仪测量到的温度发现，预测误差为 2.3％～15.5％，平均预测误差为 5.4％。因此，在本试验条件范围内，干切削条件下预测得到的温度与热成像仪测量到的切削温度比较吻合。

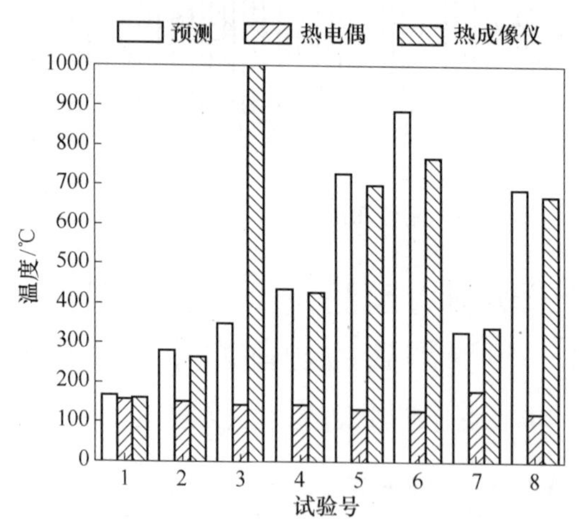

图 5－22　干切削加工条件下的温度预测与试验结果对比

（2）微量润滑切削加工

当微量润滑切削液的流量为 16mL/h、油雾混合比为中等水平时，预测得到的温度和热成像仪测量到的温度比较如图 5－24 所示，温度预测误差为 0.3％～8.6％，第 11 组试验的温度预测误差结果较大，为 21.0％，可能是由实际测量过程中的操作误差引起的。总体来说，模型预测与实际测量结果比较吻合。从图 5－24 中

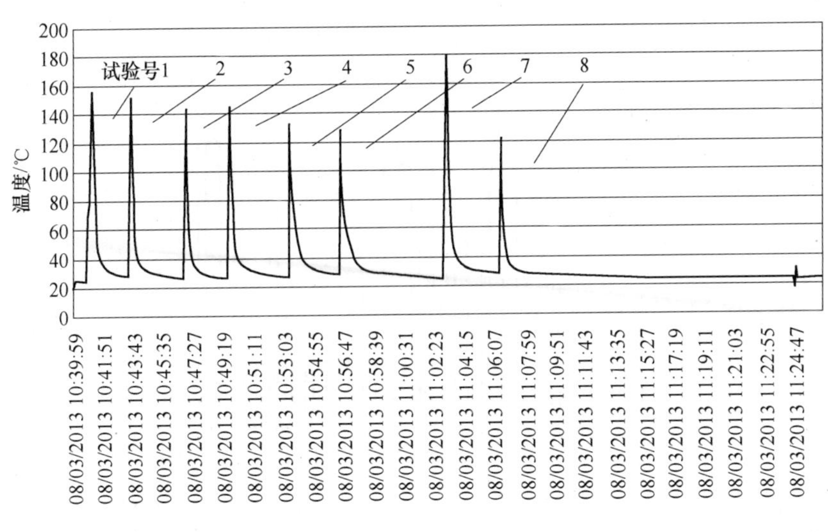

图 5－23　干切削加工条件下热电偶测量到的温度

可以看出，切削温度随着切削速度的增大而提高，随着切削深度的增加而增大。这是因为切削速度提高时，单位时间内金属切削量增加，因此切削温度提高。进给量增大时，切削力提高，切削温度也随之提高，但因进给量增大时，刀具和切屑的接触长度增加，增大了热量传出面积。因此，进给量增加，切削温度升高趋势不显著。

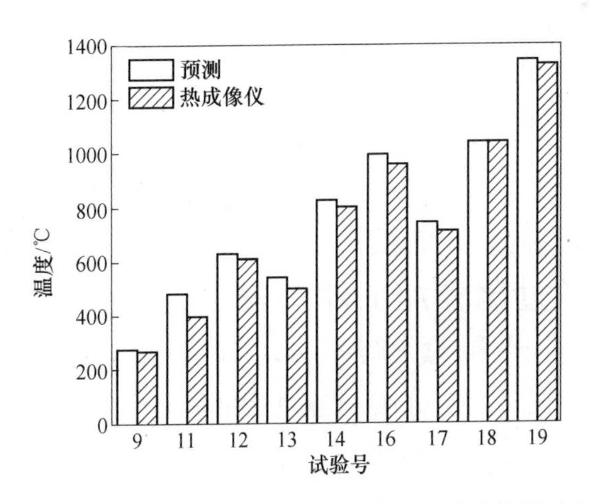

图 5－24　微量润滑条件下的温度预测与试验结果对比

当切削液的流量分别为 32mL/h 和 48mL/h、油雾混合比为中等水平条件时，预测得到的温度与热成像仪测得的温度如图 5－25 所示。由比较结果可知，在该试验测量范围内，温度预测误差为 0.3％～11.8％，平均预测误差为 6.5％，模型预测与实际测量结果比较吻合。

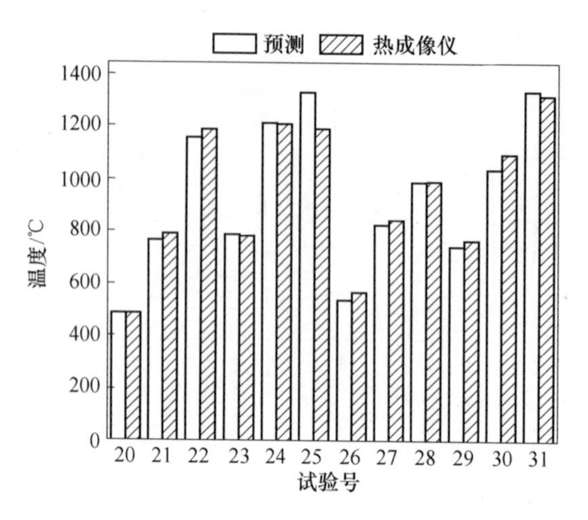

图 5-25 不同流量和切削参数下的温度预测与试验结果对比

（3）传统大流量润滑切削加工

在大流量润滑切削加工时，考虑试验操作的安全性，必须关闭机床的操作门进行试验，而目前的红外热成像仪都无法透过玻璃进行测量，因此利用热成像仪测量切削温度时只适用于干切削和微量润滑切削加工。大流量润滑切削条件下采用热电偶测量切削温度。但由于实际切削时间过短，未达到测量温度的稳定状态，因此传统大流量润滑条件下的切削温度在此不进行讨论。

5.2.4 残余应力预测模型验证

（1）干切削加工

随机选择第1组试验来校核干切削条件下残余应力预测模型中的算法常数 ζ，通过比较加工件次表面至深度 0.1mm 的平均残余应力的试验测量结果和预测结果，利用最小二乘法拟合 ζ 值为 0.15。图 5-26 显示了第1组试验切向残余应力和径向残余应力的预测结果和试验测量结果比较。从图 5-26（a）可以看出，对于切向残余应力，根据模型预测得到的最大残余压应力值为－178MPa，深度为 0.051mm。而实际测量到的最大残余压应力值为－112MPa，深度为 0.052mm。无论是模型预测结果还是实际测量结果，残余应力在深度为 0.1mm 时基本趋于 0。从图 5-26（b）可以看出，对于径向残余应力，无论是最大残余压应力的大小还是深度，理论预测结果与实际测量结果都比较吻合。由此可见，在本试验条件下，预测残余应力和测量残余应力在分布趋势和数量级上吻合良好。

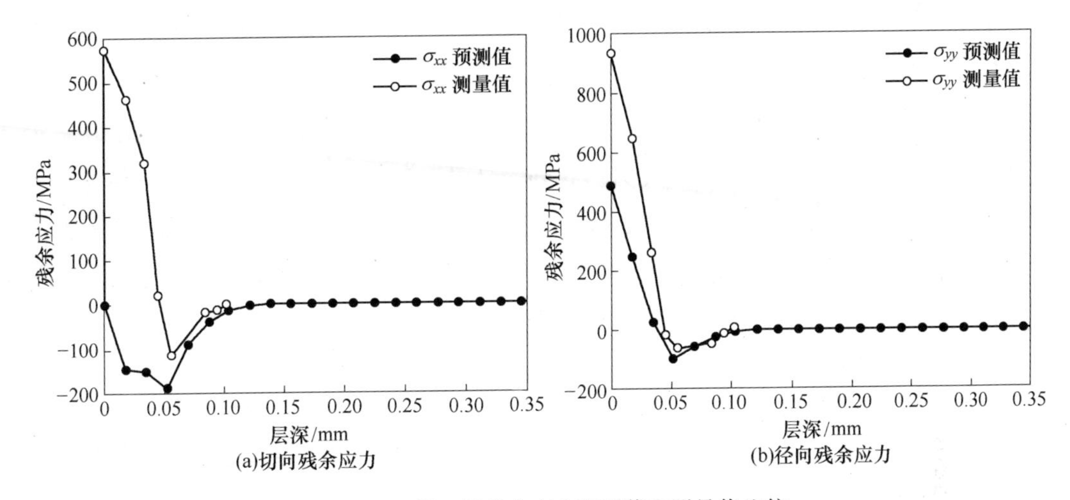

图5-26 第1组残余应力预测值和测量值比较

图5-27显示了第2组试验预测残余应力与实际测量结果比较。从图5-27（a）中可以看出，对于切向残余应力，预测得到的最大残余压应力值为－234.8MPa，深度为0.0691mm。试验测量的最大残余压应力值为－102.3MPa，深度为0.0851mm。预测残余应力数值上大于试验测量值。从图5-27（b）中可以看出，对于径向残余应力，预测得到的最大残余压应力值为－123.3MPa，深度为0.0863mm。试验测量的最大残余压应力值为－80.1MPa，深度为0.0863mm。预测结果与实际测量值吻合良好。

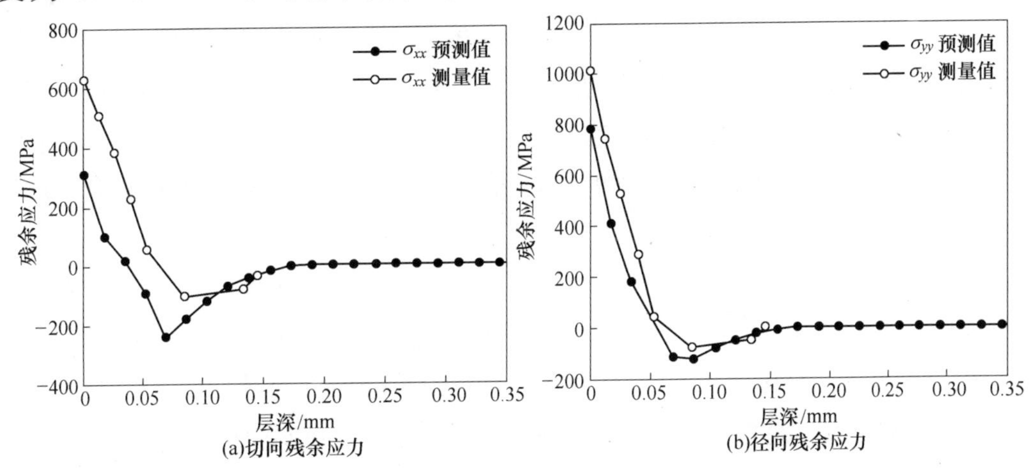

图5-27 第2组残余应力预测值和测量值比较

图 5－28 显示了第 3 组试验预测残余应力与实际测量结果。从图 5－28（a）中可以看出，对于切向残余应力，预测得到的最大残余压应力值为－234.7MPa，深度为 0.0863mm。试验测量的最大残余压应力值为－140.3MPa，深度为 0.0799mm。预测残余应力数值大于试验测量值。从图 5－28（b）中可以看出，对于径向残余应力，预测得到的最大残余压应力值为－137.7MPa，深度为 0.0863mm。试验测量的最大残余压应力值为－101.6MPa，深度为 0.0799mm。比较第 3 组的径向残余应力和切向残余应力发现，径向残余应力吻合度优于切向残余应力。

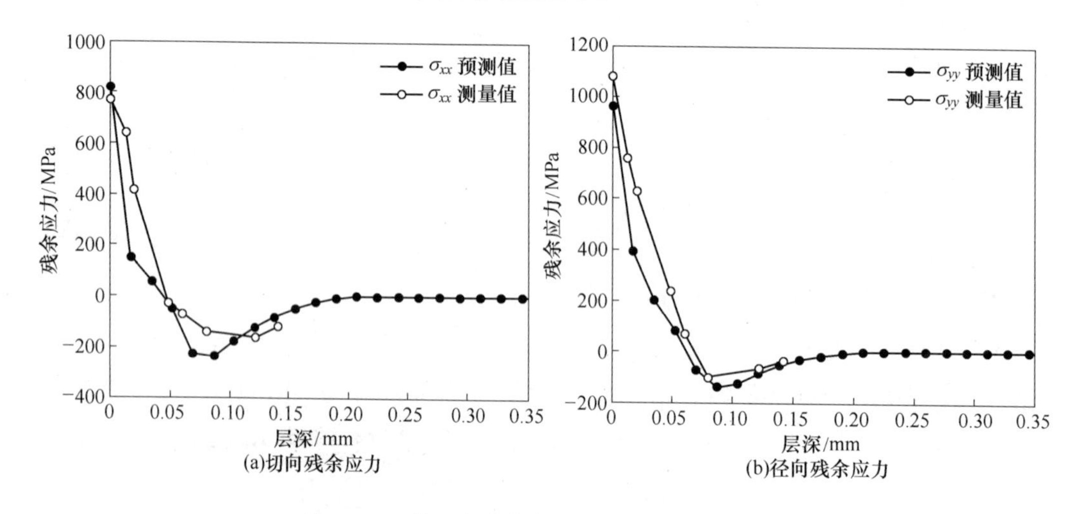

图 5－28　第 3 组残余应力预测值和测量值比较

比较图 5－26～图 5－28 发现，工件表层（深度为 0）的残余应力，无论是径向残余应力还是切向残余应力，模型预测结果和试验测量结果都随着切削深度的增加而增加。这是因为切削深度增加时，切削力和切削温度也随之增加，因此工件表面由于机械载荷和热载荷产生的应力也随之增大，从而导致工件表面的残余应力增大。

第 4 组试验预测残余应力与实际测量结果比较如图 5－29 所示。对于切向残余应力，预测得到的最大残余压应力值为－260.0MPa，深度为 0.0346mm。试验测量的最大残余压应力值为－88.5MPa，深度为 0.06288mm。对于径向残余应力，预测得到的最大残余压应力值为－134.8MPa，深度为 0.0518mm。试验测量的最大残余压应力值为－134.5MPa，深度为 0.06288mm。由比较结果可以看出，无论是径向残余应力还是切向残余应力，预测的最大残余压应力深度小于实际测量的最大残余应力深度。这可能是由于模型预测得到的切削力偏小引起的。残余应力是基于切削力和切削温度进行预测的，由于预测模型未考虑刀具磨损，而实际试验过程中刀具磨损不可避免，因此实际试验过程中的切削力要大于模型预测的切削力，从而导致实际最大残余应力的深度要大于模型预测值。由此可以看出，最大残余应力主要受切削力的影响。总体来说，预测残余应力和试验测量结果在大小和趋势分布上比较吻合。工件表层（深度为 0）的残余应力模型预测和测量结果偏差较大，这可能是由于工件表面受外界环境影响比较敏感，比如说表面氧化或腐蚀等都会影响表层残余应力的变化。

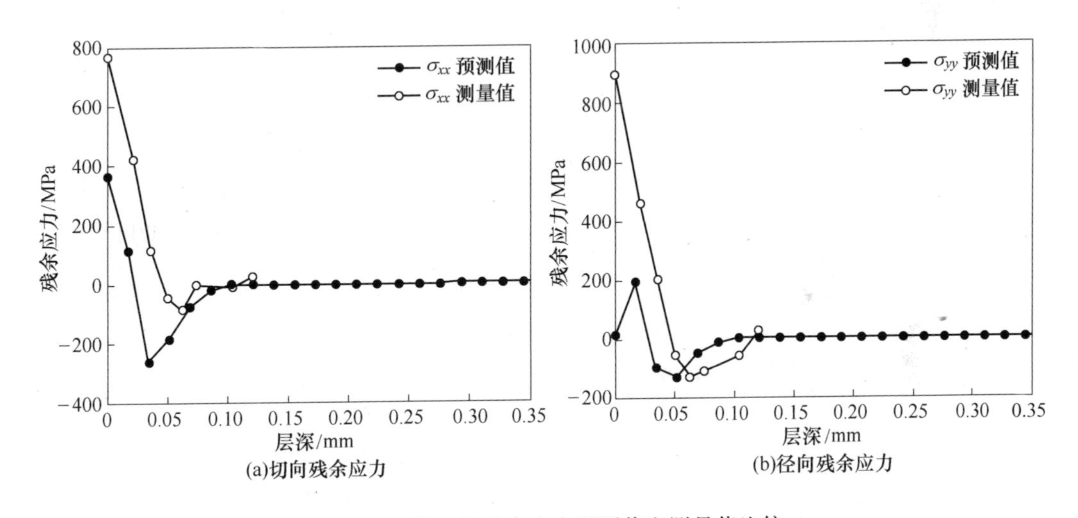

图 5－29　第 4 组残余应力预测值和测量值比较

（2）微量润滑切削加工

第 9 组试验用来校核微量润滑条件下残余应力预测模型中的算法常数 ζ，通过最小二乘法拟合加工件次表面至深度 0.1mm 的试验测得的平均残余应力和预测结果，ζ 取 0.2。图 5－30 显示了第 9 组试验的切向残余应力和径向残余应力的预测结果和试验测量结果。对于切向残余应力，最大残余压应力在深度 0.024mm 处为 －152.8MPa，实际测量的最大残余压应力值为 －52.8MPa，深度为 0.0386mm。相对于试验测量值，预测的残余应力在数值上偏大，但是趋势比较吻合。对于径向残余应力，最大的残余压应力值为—96.4MPa，深度为0.0363mm。试验测量的最大残余压应力值为—36.4MPa，深度为0.03865mm。当深度为0.06mm时，残余应力基本趋向于0。径向残余应力预测吻合度优于切向残余应力。

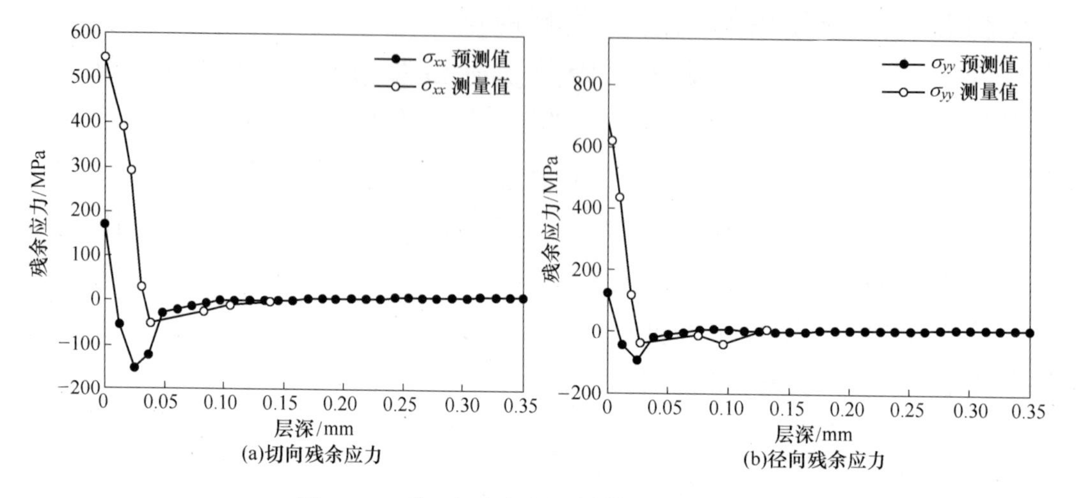

图5-30　第9组残余应力预测值和测量值比较

图5-31显示了第11组微量润滑条件下预测的切向残余应力和径向残余应力与试验测量结果。从图中可以看出，对于切向残余应力，预测到的最大残余压应力值为—144.4.0MPa，深度为0.0363mm。测量到的最大残余压应力值为—129.3MPa，深度为0.0402mm。对于径向残余应力，预测到的最大残余压应力值为—180.2MPa，深度为0.0363mm。试验测得的最大残余压应力值为—77.4MPa，深度为0.0402mm。预测值与实际测量值吻合良好。比较图5-31（a）和（b）可以看出，切向残余应力值大于径向残余应力值，并且切向的残余应力影响层深度要比径向的残余应力影响层深。

第12组微量润滑条件下预测的切向残余应力和径向残余应力与试验测量结果比较如图5-32所示。从图5-32（a）中可以看出，对于切向残余应力，预测得到的最大残余压应力值为—158.8MPa，深度为0.0484mm。测量到的最大残余压应力值为—176.0MPa，深度为0.0574mm。从图5-32（b）中可以看出，对于径向残余应力，预测到的最大残余压应力值为—185.8MPa，深度为0.0484mm。试验测得的最大残余压应力值为—93.4MPa，深度为0.0485mm。预测值与实际测量值吻合良好。比较图5-32

(a) 和 (b) 可以看出，对于工件表层（深度为 0），切向残余应力值大于径向残余应力值。总体来说，预测到的残余应力在数值和分布趋势上与实际测量结果吻合良好。

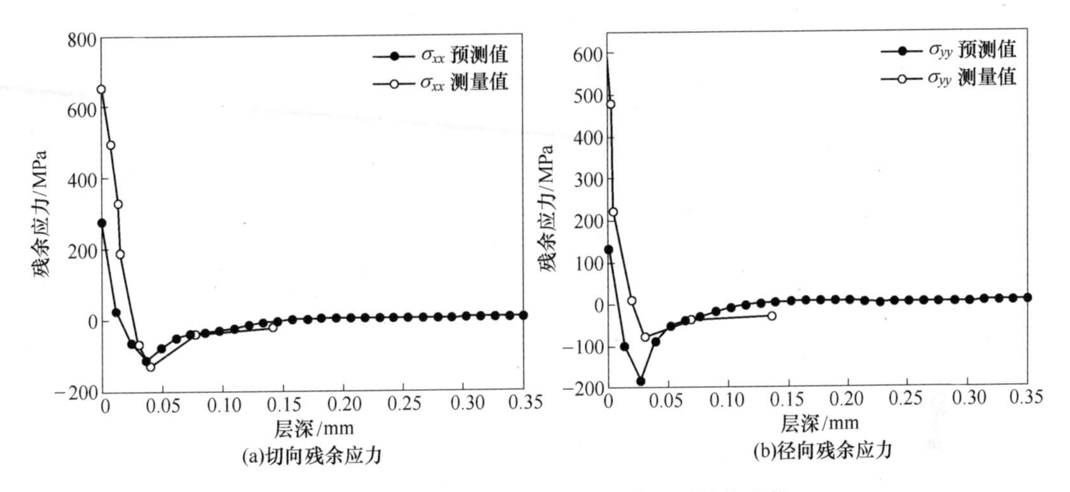

图 5-31　第 11 组残余应力预测值和测量值比较

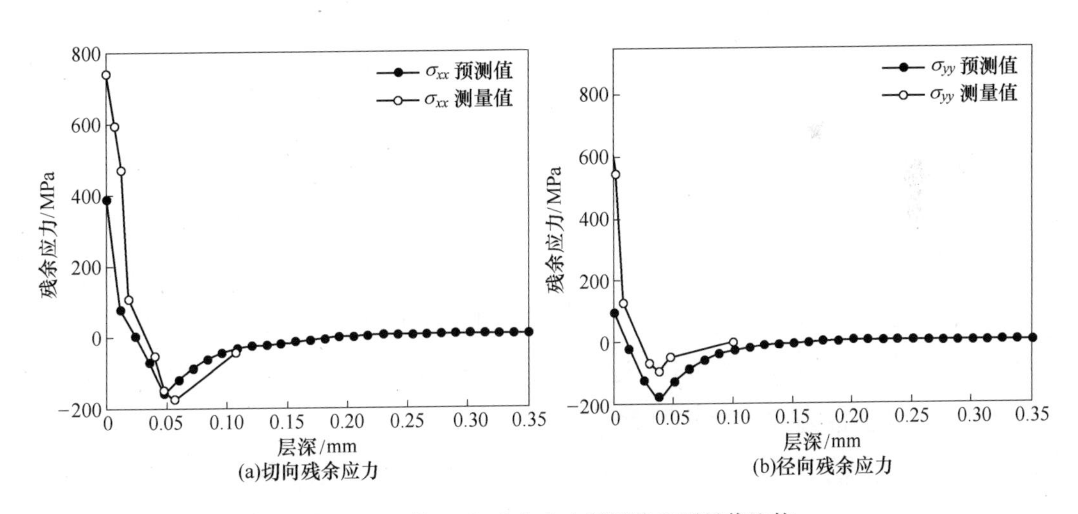

图 5-32　第 12 组残余应力预测值和测量值比较

比较图 5-30～图 5-32 的试验测量结果可以看出，对于切向残余应力，工件表层（深度为 0）的残余拉应力以及最大残余压应力逐渐增大。这是由于切削深度增加时，切削力和切削温度都增大，工件内由于机械载荷和热载荷产生的应力也随之增加，从而导致工件表面的残余应力增大。对于径向残余应力，增加趋势不明显。根据切削力的测量结果可知，切削深度增加时，切向力增加的速度大于轴向力的增加速度。由此可以看出，切削深度对切向残余应力的影响比较显著。

在第19组微量润滑条件下预测的残余应力与试验测量结果如图5－33所示。从图5－33中可以看出，无论是切向残余应力还是径向残余应力，根据模型预测得到的结果与试验测量结果都比较吻合。

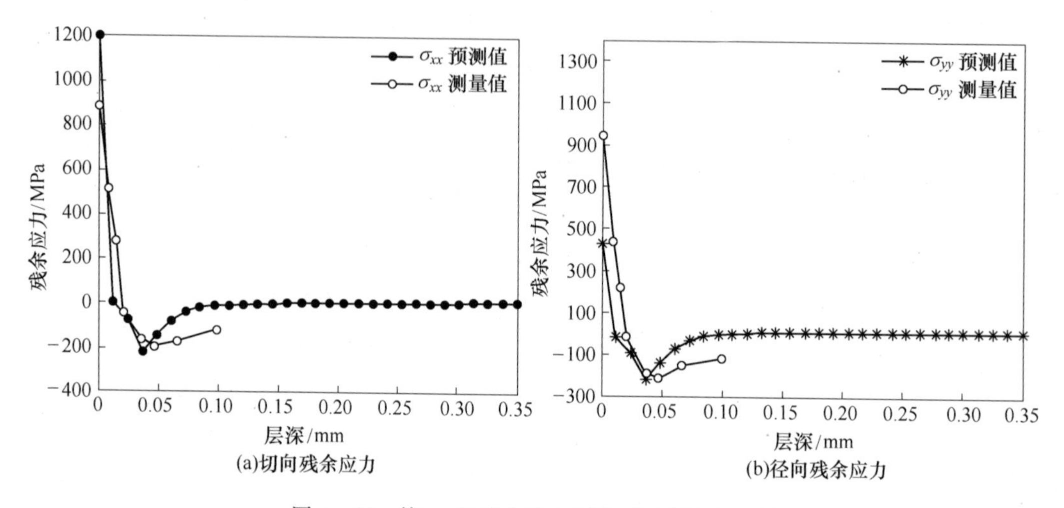

图5－33　第19组残余应力预测值和测量值比较

比较图5－32和图5－33，第12组的切削速度为1.049m/s，第19组的切削速度为3.147m/s，其他切削条件不变。在第12组条件下测得的切向力为1484N，轴向力为851N，测得的切削温度为609.8℃。在第19组条件下测得的切向力为1376N，轴向力为748N，测得的切削温度为1327.6℃。根据切削力和切削温度模型验证可知，切削力随着切削速度的提高而降低，切削温度随着切削速度的提高而显著增加。比较图5－32和图5－33可知，工件表层（深度为0）的残余拉应力随着切削速度的增加而显著增加，最大残余压应力增加不明显。这是因为切削速度提高时，切削温度显著增加，而实际测量到的工件表层的残余拉应力也显著增加，由此可以推断，工件表层的应力状态主要受切削温度影响。最大残余压应力的变化趋势不明显，由此可以推断，切削温度对最大残余压应力无明显影响，工件中的残余压应力主要由机械载荷决定。

在第36组微量润滑条件下预测的残余应力和试验测量结果如图5－34所示。从图5－34（a）中可以看出，对于切向残余应力，预测得到的最大残余压应力值为－130.5MPa，深度为 0.0242mm。测量得到的最大残余压应力值为－90.2MPa，深度为 0.0377mm。从图 5－34（b）中可以看出，对于径向残余应力，预测到的最大残余压应力值为－143.7MPa，深度为 0.0242mm。测量得到的最大残余压应力值为－84.2MPa，深度为 0.0377mm。无论是径向残余应力还是切向残余应力，预测结果和实际测量结果比较吻合。

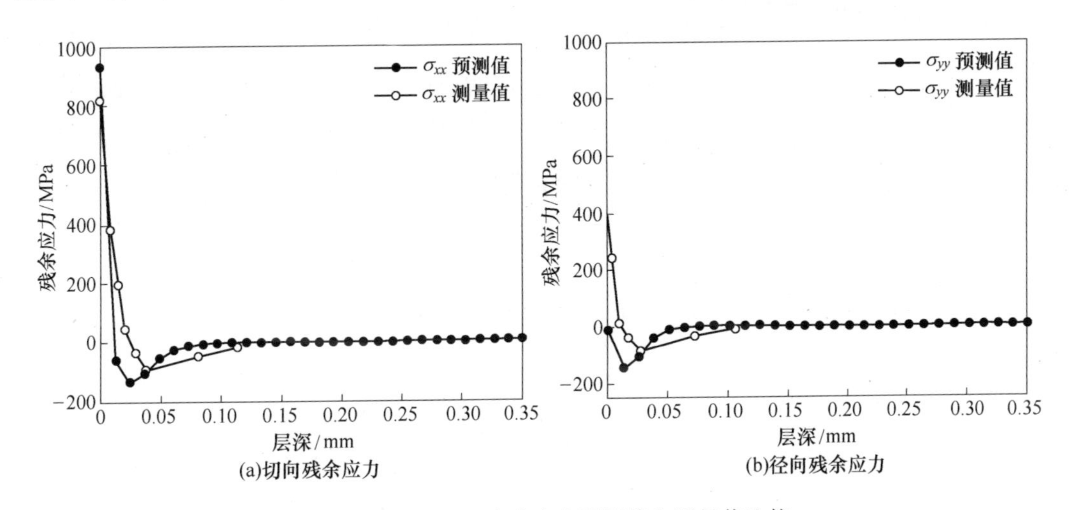

图 5－34　第 36 组残余应力预测值和测量值比较

比较图 5－33 和图 5－34 可以看出，无论是径向残余应力还是切向残余应力，工件表层（深度为 0）的残余拉应力显著减小，工件中最大残余压应力的减小趋势不明显。这是因为第 19 组试验和第 36 组试验除了微量润滑切削液流量不一样外，其他参数都不变，由切削力和切削温度的测试结果可以看出，微量润滑切削液流量增加时，切削温度显著降低，切削力下降速度较慢，工件表层残余拉应力减小。由此可以推断，工件表层的应力状态主要由热载荷决定。

综上所述，微量润滑模型预测得到的残余应力与实际测量的残余应力在数值和分布趋势上吻合良好。由微量润滑条件下的残余应力测量结果分析可知，通过改变微量润滑参数可控制工件表面的残余应力大小。

（3）传统大流量润滑切削加工

图 5－35 显示了第 49 组试验在传统大流量润滑切削条件下预测的残余应力和试验测量结果。从图 5－35 中可以看出，对于切向

残余应力，预测得到的最大残余压应力为－169.6MPa，深度为0.0242mm。测量的最大残余压应力为－199.2MPa，深度为0.0429mm。对于径向残余应力，表面应力除外（－404.7MPa），预测到的最大残余压应力为－85.7MPa，深度为0.0363mm。试验测得的最大残余压应力为－213.2MPa，深度为0.0429mm。表面残余应力的预测值与实际测量值偏差较大，分析预测误差产生的原因主要来自：①工件表层的应力受外界环境影响比较敏感，如表层氧化或腐蚀都会影响工件表层的残余应力；②根据切削力的测量结果分析可知，由于大流量润滑条件下刀具的严重磨损，通过模型预测得到的切削力与实际测量结果存在偏差，因此影响了残余应力的预测精度。

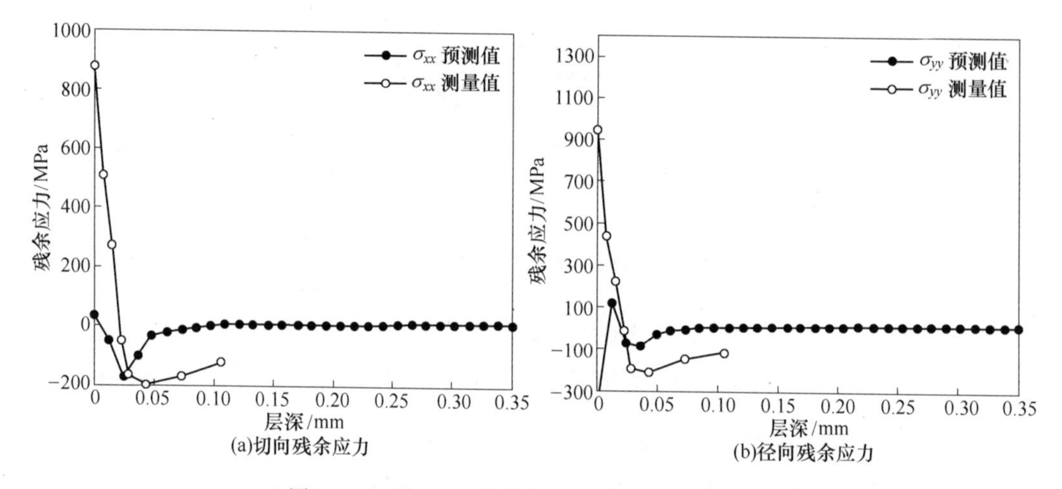

图 5－35　第 49 组残余应力预测值和测量值比较

5.3　本章小结

本章主要介绍了 AISI4130 合金钢的直角车削试验，测量了切削过程中的切削力、切削温度以及加工件表面的残余应力，并将模型预测结果与实际测量结果进行对比，得到以下结论：

1）无论是干切削、微量润滑还是传统大流量润滑切削加工，切削力都随着切削速度的增大而减小，随着进给量的增大而增大。在本试验范围内，切削力随着微量润滑切削液流量的增大而减小，随着油雾混合比的增大而减小。在三种润滑条件下，预测得到的切削力误差控制在 30％以内。

2）通过比较热成像仪测得的切削温度和模型预测结果发现，对于干切削和微量润滑切削加工，根据温度模型预测得到的结果与实际测量结果比较吻合，预测误差控制在 20%以内。由于切削时间较短，热电偶测得的温度未达到稳定状态，因此测量结果普遍偏小。

3）通过比较切向残余应力和径向残余应力的试验测量值发现，切向残余应力大于径向残余应力，并且切向残余应力的影响层深度要比径向残余应力的影响层深。工件表层（深度为 0）的残余应力主要受切削温度影响，大都表现为残余拉应力。工件内的最大残余压应力主要受切削力的影响。通过预测结果和实际测量结果分析可知，模型预测得到的残余应力与实际测量的残余应力在数值和分布趋势上吻合良好。

参 考 文 献

[1] HTTP://WWW. MCMASTER. COM.

[2] STACHOWIAK G，BATCHELOR A W. Engineering Tribology [M]. Butterworth - Heinemann，2011.

[3] KATO S，MARUI E，HASHIMOTO M. Fundamental Study on Normal Load Dependency of Friction Characteristics in Boundary Lubrication [J]. Tribology Transactions，1998，41 (3)：341 - 349.

[4] SHACKELFORD J F，ALEXANDER W，PARK J S. CRC Materials Science and Engineering Handbook [M]. Third edition. CRC Press，2000.

第 6 章　微量润滑切削表面残余应力的敏感性分析

为了定量分析微量润滑切削加工件表面残余应力随着加工条件变化的影响规律，基于验证的微量润滑残余应力预测模型，本章对微量润滑加工件表面的残余应力进行敏感性分析。主要研究微量润滑参数、切削参数和刀具参数对残余应力的影响。

6.1　模型参数选择

基于验证的微量润滑残余应力预测模型，对残余应力的敏感性进行分析。主要研究微量润滑参数、切削参数和刀具参数对切削过程中的切削力和切削温度的影响，从而导致加工件表面残余应力的分布变化。

由第 2 章的分析可知，微量润滑参数包括很多因素，如切削液特性、润滑液流量、空气压力、喷嘴尺寸、喷嘴方向以及位置等。在本研究中，微量润滑参数主要考虑微量润滑切削液流量以及油雾混合比，其他参数保持不变。切削参数主要考虑切削速度、进给量和切削宽度。刀具参数主要考虑刀具前角以及刀尖圆弧半径。

6.2　微量润滑参数的影响

6.2.1　边界润滑膜厚度的影响

假设微量润滑切削液流量与边界润滑膜的厚度成正比，在本分析中通过研究边界润滑膜的厚度来反映切削液流量的变化。以非涂层硬质合金刀具切削 AISI4130 合金钢为例，材料参数参照表 5－3 和表 5－4，刀具参数参照表 5－5。切削速度为 1.5m/s，进给量为 0.1mm/r，切削宽度为 2mm，油雾混合比为中等水平，根据微量润滑预测模型计算得到的摩擦系数、剪切面的平均温度、刀具和切屑界面的平均温度、切向力、轴向力以及残余应力结果见表 6－1。表中残余应力的最大值是指工件内的最大残余压应力，深度表示最大残余压应力所在的深度。由于工件表层（深度为 0）的残余应力受外界影响较大，因此平均残余应力为次表层至深度为 100mm 的残余应力的平均值。

表 6－1　边界润滑膜厚度变化时的详细预测结果

t_b/μm	μ	T_{AB}/℃	T_{int}/℃	F_c/N	F_t/N	最大值/MPa		深度/μm	平均值/MPa	
						σ_{xx}	σ_{yy}		σ_{xx}	σ_{yy}
0	0.6087	456	388	406	247	－107.9367	－131.5318	34.6	－41.1376	－36.3182
0.1	0.5920	444	394	399	239	－105.4908	－126.6421	34.6	－43.0263	－33.5976
0.2	0.5753	437	403	391	231	－105.6719	－116.7954	34.6	－44.0927	－29.9024
0.3	0.5587	434	414	382	222	－102.2790	－104.2238	34.6	－43.9904	－25.7818
0.4	0.5420	436	429	401	224	－109.1627	－109.0388	34.6	－39.2182	－32.6667

摩擦系数随着边界润滑膜厚度的变化规律如图 6－1 所示，从图中可以看出，随着边界润滑膜厚度的增加，摩擦系数按线性规律下降。这是因为润滑膜厚度增加，润滑效果显著增加，因此摩擦系数降低。

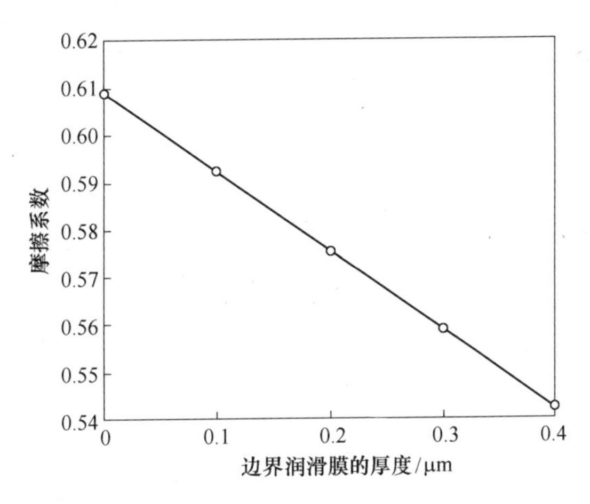

图 6－1　摩擦系数和边界润滑膜厚度的关系

图 6－2 显示了剪切面的平均温度和刀屑界面的平均温度随边界润滑膜厚度变化的关系。从图 6－2 中可以看出，随着边界润滑膜厚度的增加，剪切面的平均温度降低，而刀屑界面的平均温度升高。根据第 5 章的分析可知，边界润滑膜的厚度增加，摩擦系数减小，摩擦热减少，刀屑界面的温度应该降低。但是，当边界润滑膜

厚度增加，也就是切削液流量增加时，一定时间内的空气含量变少，因此空气和润滑液的比例减小，由此带来的冷却效果的影响大于润滑效果的影响，所以刀屑界面的平均温度升高。

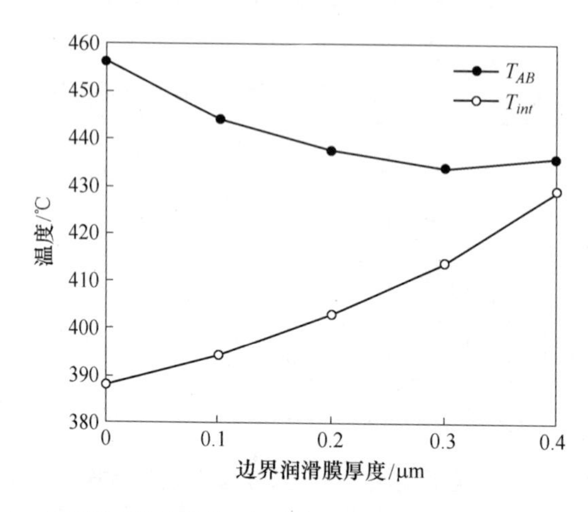

图 6－2　不同边界润滑膜厚度下的剪切面平均温度和刀屑界面温度

切削力随着边界润滑膜厚度变化的关系如图 6－3 所示。从图6－3中可以看出，无论是切向力还是轴向力，切削力都随着边界润滑膜厚度的增加而减小，当润滑膜增加到一定厚度时，切削力不再减小反而增加。相比于轴向力，切向力的变化趋势更加明显。由此可以看出，要想获得较小的切削力，边界润滑膜存在一定的优化范围。这也解释了在一定的参数范围内，微量润滑条件下的切削力小于大流量润滑切削加工条件下的切削力。

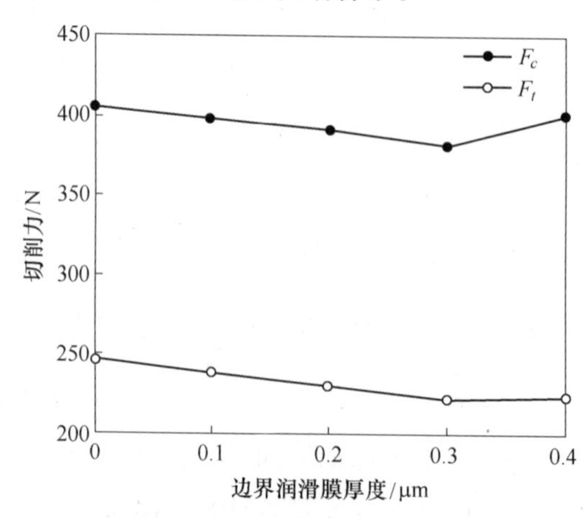

图 6－3　切削力随着边界润滑膜厚度变化的关系

残余应力随着边界润滑膜厚度变化的关系如图 6 - 4 所示。从图6 - 4中可以看出，最大径向残余压应力随着边界润滑膜厚度的增加而减小，当润滑膜厚度增加到一定程度时，最大径向残余压应力值又随之增大。这一变化趋势和切削力变化趋势吻合，由此可以看出，最大残余压应力主要由机械载荷决定，切向最大残余应力的变化趋势不明显。从图6 - 4中还可以发现，无论是径向平均残余应力还是切向平均残余应力，随着边界润滑膜厚度变化的趋势不明显。

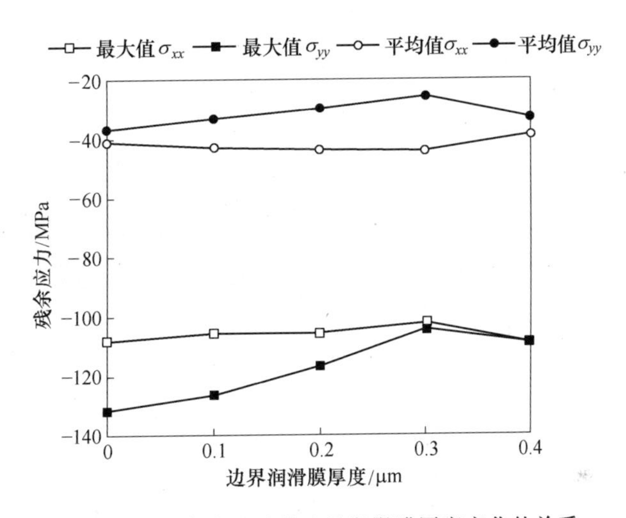

图 6 - 4　残余应力随着边界润滑膜厚度变化的关系

6.2.2　油雾混合比的影响

根据第 2.3.2 节的分析可知，油雾混合比主要影响温度模型中的传热系数，从而引起切削过程中热应力的变化。当油雾混合物中空气比例提高时，也就是单位时间内喷射到切削区域的空气量增加，传热速度加快。由第 2.3.2 节的分析可知，不同油雾混合比下的传热系数的修正系数 λ 不一样。因此，本节通过改变不同的修正系数来反映不同的油雾混合比，油雾混合比取 5 种不同水平，边界润滑膜的厚度为 0.2mm 时，不同传热系数下预测得到的详细结果见表 6 - 2。其中，最大残余应力指的是最大残余压应力。平均残余应力指的是从次表层到深度 100mm 方向上的平均残余应力。从表 6 - 2 中可以看出，油雾混合比对切削过程中的摩擦系数无影响。

表 6－2　传热系数变化时的详细预测结果

Level	h_{eff}/[J/（m²·s·℃)]	μ	T_{AB}/℃	T_{int}/℃	F_c/N	F_t/N	最大值/MPa		平均值/MPa	
							σ_{xx}	σ_{yy}	σ_{xx}	σ_{yy}
1	470613.8	0.5753	495	486	368	217	－70.9394	－48.1608	－31.5718	－10.9555
2	627485.0	0.5753	466	444	380	224	－78.9139	－80.6867	－38.0449	－19.9493
3	784356.3	0.5753	437	402	391	230	－105.6719	－116.7954	－44.0927	－44.0927
4	941227.6	0.5753	408	361	403	237	－132.0838	－157.9656	－43.4378	－38.3999
5	1098099	0.5753	379	319	414	244	－94.2311	－113.2977	－34.6146	－35.5794

剪切面和刀屑界面的平均温度随传热系数的变化如图6－5所示。从图6－5中可以看出，剪切面和刀屑界面的平均温度都随传热系数的增大而减小。由此可以推断，传热系数对切削过程中的冷却效应比较显著。从图6－5中还可以看出，剪切面的平均温度大于刀屑界面的平均温度，由此推断切削过程中由剪切变形产生的热量要大于刀具和切屑摩擦产生的热量。

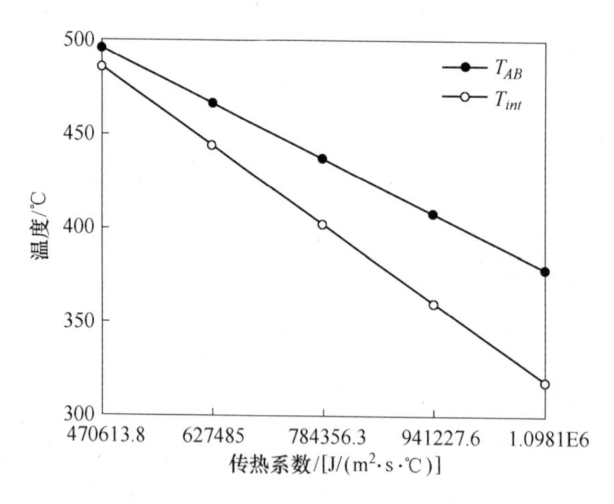

图 6－5　传热系数与剪切面以及刀屑界面平均温度的关系

图6－6显示了切削力随传热系数变化的规律。从图6－6中可以看出，切向力和轴向力都随传热系数的增大而增大。由传热系数与温度的分析可知，传热系数增大，剪切面和刀屑界面的温度降低，材料硬度和刚度提高，从而导致切削力增大。由此可知，油雾混合比主要影响微量润滑的冷却效果。

图6－7显示了传热系数与残余应力的关系。从图6－7中可以看出，随着传热系数的增大，最大残余压应力也随之增大，当增大

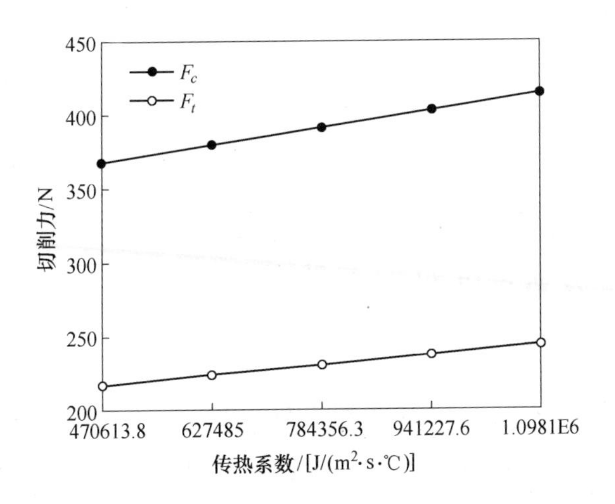

图 6－6　传热系数与切削力的关系

到一定程度时，最大残余压应力又随着传热系数的增大而减小。从图 6－7 中可以看出，平均残余应力随着传热系数的增大先增大后减小，但变化趋势不明显。由此可知，要想获得较大的残余压应力，传热系数存在一定的优化范围，并且从图 6－7 中可以看出，最大残余压应力时的传热系数和平均最大残余应力的传热系数不同。因此，残余应力的优化目标不同，参数选择也不一样。

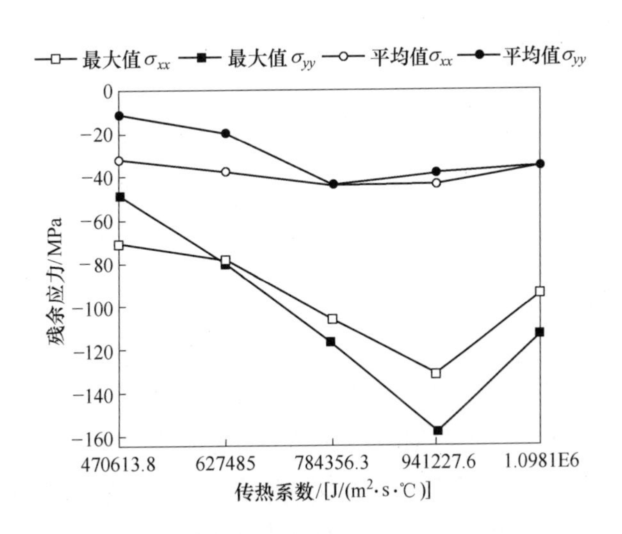

图 6－7　传热系数与残余应力的关系

综上所述，选择较小的微量润滑切削液流量以及适中的油雾混合比时，在加工件表面可获得较大的残余压应力。

6.3 切削参数的影响

以非涂层硬质合金刀具切削 AISI4130 合金钢为例，材料参数参照表 5－3 和表 5－4，刀具参数参照表 5－5。微量润滑切削液的流量为 16mL/h，油雾混合比和空气压力保持中等水平，研究切削速度、进给量和切削宽度对加工件表面残余应力的影响。

6.3.1 切削速度的影响

当进给量为 0.1mm/r、切削宽度为 2mm 时，不同切削速度下得到的详细预测结果见表 6－3。从表 6－3 中可以看出，摩擦系数随着切削速度的变化不明显。

图 6－8 显示了剪切面和刀屑界面的平均温度随着切削速度变化的关系。从图 6－8 中可以看出，随着切削速度的提高，剪切面和刀屑界面的平均温度也随之升高。这是因为切削速度提高时，单位时间内金属切削量增加。并且切削速度提高时，切削过程中产生的热量来不及散去，从而导致切削区域温度升高。从图 6－8 中可以看出，剪切面的平均温度高于刀屑界面的平均温度，由此推断切削过程中的热主要来自剪切变形，由剪切变形产生的热量大于刀具与切屑摩擦产生的热量。

表 6－3 切削速度变化时的详细预测结果

v/(m/s)	μ	T_{AB}/℃	T_{int}/℃	F_c/N	F_t/N	最大值/MPa		平均值/MPa	
						σ_{xx}	σ_{yy}	σ_{xx}	σ_{yy}
1	0.6720	388	271	444	291	−123.5783	−129.4021	−54.3139	−47.9075
1.5	0.5753	437	403	391	231	−105.6719	−116.7954	−44.0927	−29.9024
2	0.5752	519	485	359	212	−63.3318	−66.0580	−28.6843	−16.8119
2.5	0.5752	601	534	356	205	−24.8646	−55.8099	−15.1627	−16.7311
3	0.5751	653	607	306	181	−21.0719	−23.3882	−6.77137	−2.1662

图 6－9 显示了切削力随着切削速度变化的规律，从图 6－9 中可以看出，切削力随着切削速度的加快而减小。这是因为切削速度提高时，切削温度升高，从而导致工件材料硬度和强度减小，切削力减小。由第 5 章的分析可知，无论是干切削、微量润滑还是大流量润滑切削加工，切削力随着切削速度的这一变化趋势保持一致。因此，切削力随着切削速度变化的趋势与是否使用切削液无关。

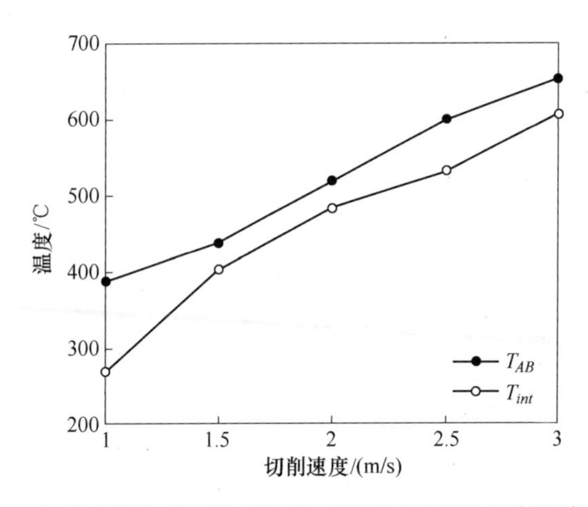

图 6-8　切削速度与剪切界面以及刀屑界面的平均切削温度的关系

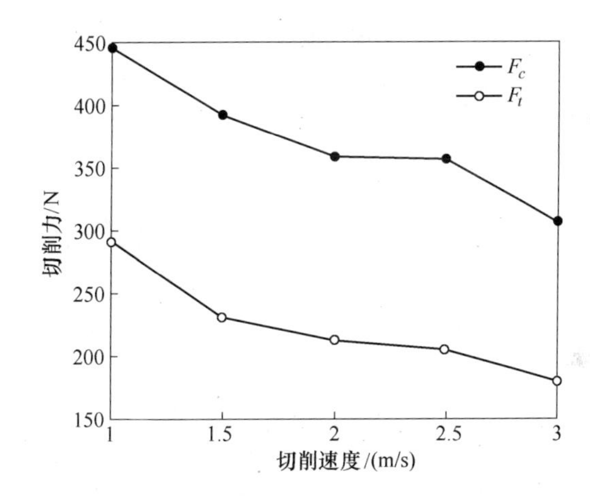

图 6-9　切削速度与切削力的关系

图 6-10 显示了残余应力随着切削速度变化的规律。从图 6-10 中可以看出，无论是最大残余压应力还是平均残余应力，都随着切削速度的加快而减小。这是因为切削速度提高时，切削力减小，从而导致残余应力普遍减小。结合切削速度与切削力和切削温度的分析可知，最大残余压应力和平均残余应力主要由机械载荷决定。

6.3.2　进给量的影响

当切削速度为 1.5m/s、切削宽度为 2mm 时，不同进给量下预测得到的详细结果见表 6-4。从表 6-4 中可以看出，摩擦系数随着进给量的变化不明显。切削力随着进给量的增加而增大，剪切面和刀屑界面的平均温度随着进给量的增加而升高。这是因为随着进

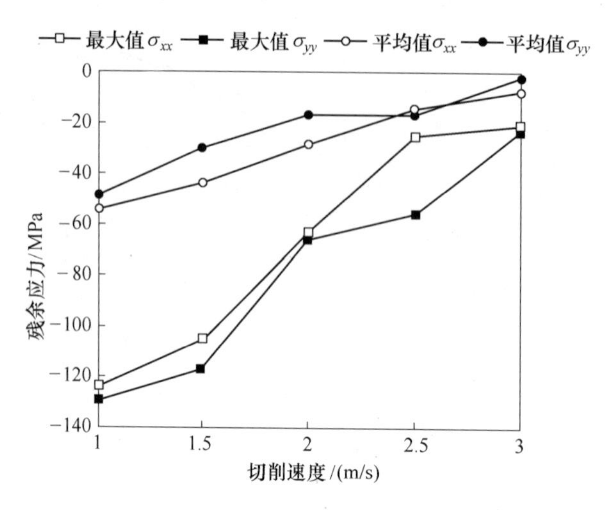

图 6－10 切削速度与残余应力的关系

给量的增加，单位时间内金属切削量增大，切削力增大，因此切削温度升高。

表 6－4 进给量变化时预测得到的详细结果

进给量/(mm/r)	μ	T_{AB}/℃	T_{int}/℃	F_c/N	F_t/N	最大值/MPa		平均值/MPa	
						σ_{xx}	σ_{yy}	σ_{xx}	σ_{yy}
0.1	0.5753	437	403	391	231	−105.6719	−116.7954	−44.0927	−29.9024
0.15	0.5752	541	482	510	274	−88.8287	−97.7258	−43.7486	−32.4547
0.2	0.5751	627	561	663	333	−51.0863	−69.4948	−36.0582	−40.3693
0.25	0.4835	616	685	700	294	−121.9177	−109.3953	−54.2298	−39.9699

图 6－11 显示了残余应力随着进给量变化的关系。从图 6－11 中可以看出，随着进给量的增加，径向最大残余压应力和切削最大残余应力值都随着进给量的增加先减小后增大。而切向平均残余应力随着进给量的增加先减小后增大，与之相反的是，径向平均残余应力随着进给量的增加先增大后减小。但总体来说，平均残余应力变化趋势不明显。从表 6－4 中可以看出，切削温度和切削力都随着进给量的增加而增大，切削力的增加速度大于切削温度的增加速度。由残余应力的分析结果可知，最大残余压应力主要由机械载荷决定。

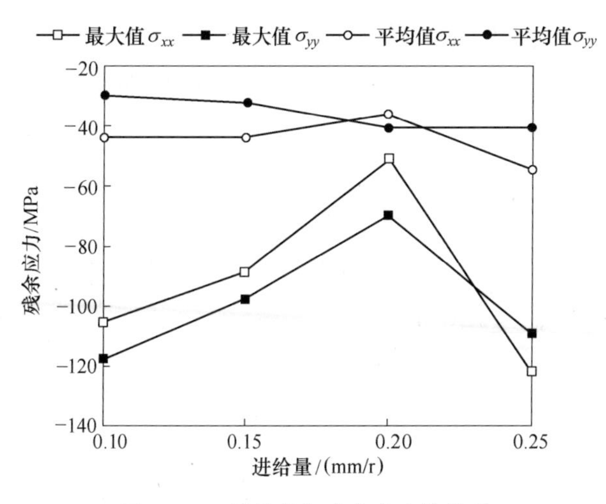

图 6－11　进给量与残余应力的关系

6.3.3　切削宽度的影响

当切削速度为 1.5m/s、进给量为 0.1mm/r 时，不同切削宽度下预测得到的详细结果见表 6－5。从表 6－5 中可以看出，切削宽度对摩擦系数无显著影响。剪切面和刀屑界面的平均温度随着切削宽度的增加而减小，但趋势不明显。这是因为切削宽度增加时，切削面积以及散热面积也相应增大，因此切削宽度对切削温度的影响不显著。切削力随着切削宽度的增加而增大，这是因为切削宽度增加导致切削面积增大，在切削过程中的塑性变形增大，从而导致切削力增大。

表 6－5　切削宽度变化时的详细预测结果

w/mm	μ	T_{AB}/℃	T_{int}/℃	F_c/N	F_t/N	最大值/MPa		平均值/MPa	
						σ_{xx}	σ_{yy}	σ_{xx}	σ_{yy}
1	0.5753	450	421	193	114	−93.3614	−100.0762	−41.454	−24.9292
2	0.5753	437	403	391	231	−105.6719	−116.7954	−44.0927	−29.9024
3	0.5753	427	388	592	350	−113.8923	−128.6733	−41.9967	−32.1156
4	0.5753	420	378	796	470	−120.6526	−138.7733	−42.6445	−34.296

图 6－12 显示了残余应力随着切削宽度变化的规律。从图 6－12 中可以看出，随着切削宽度的增加，切向最大残余压应力和径向最大残余压应力值都随着切削宽度的增加而增大，而平均残余应力随着切削宽度的变化不明显。这是因为切削宽度增大时，切削力增

大，工件表面由机械载荷产生的应力增加；另一方面，由于切削宽度增加时，平均切削温度降低，因此工件表面由热载荷产生的应力减小。由于这两方面的原因，使得最大残余压应力的增大与切削宽度不成正比。

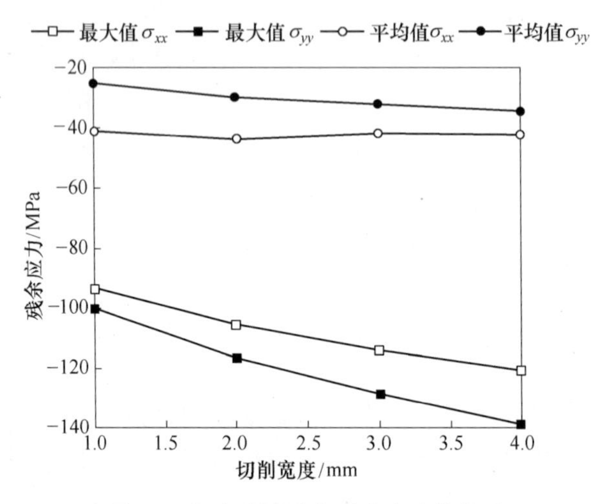

图 6－12　切削宽度与残余应力的关系

综上所述，在其他加工条件不变的情况下，适当降低切削速度和进给量可在加工表面获得较大的残余压应力。

6.4　刀具参数的影响

以非涂层硬质合金刀具切削 AISI4130 合金钢为例，材料参数参照表 5－3 和表 5－4。微量润滑切削液的流量为 16mL/h，油雾混合比和空气压力保持中等水平，切削速度为 1.5m/s，进给量为 0.1mm/r，切削宽度为 2mm，通过改变刀具前角和刀尖圆弧半径研究刀具参数对加工件表面残余应力的影响。

6.4.1　刀具前角的影响

当刀尖圆弧半径为 30mm 时，在不同刀具前角条件下得到的详细预测结果见表 6－6。从表 6－6 中可以看出，刀具为负前角时，摩擦系数较小，随着刀具前角的增大，摩擦系数也随之增大。剪切面和刀屑界面的平均温度随着刀具前角的变化不明显。切削力随着刀具前角的增大而减小。刀具前角为负前角时，工件材料挤压变形系数大，因此切削力较大。

表 6-6　刀具前角变化时的详细预测结果

α /(°)	μ	T_{AB} /℃	T_{int} /℃	F_c /N	F_t /N	最大值/MPa		平均值/MPa	
						σ_{xx}	σ_{yy}	σ_{xx}	σ_{yy}
−5	0.4911	481	426	451	320	−160.7648	−175.4129	−28.3205	−45.4342
0	0.5123	452	406	423	272	−100.9171	−101.4141	−28.8785	−35.4119
5	0.6238	505	391	396	258	−89.1424	−107.5668	−36.1513	−27.4645

图 6-13 显示了残余应力随着刀具前角变化的规律。从图 6-13 中可以看出，当刀具前角为负前角时，最大残余压应力值比较大。刀具前角为 0°和 5°时，最大残余应力的变化不明显。这是因为刀具前角为负前角时，材料挤压变形严重，因此切削力增大，加工件表面由机械载荷产生的应力增大，从而导致工件表面的残余压应力增大。平均残余应力随着刀具前角的变化不明显。由此可知，切削加工时可通过负前角在加工件表面获得较大的残余压应力。

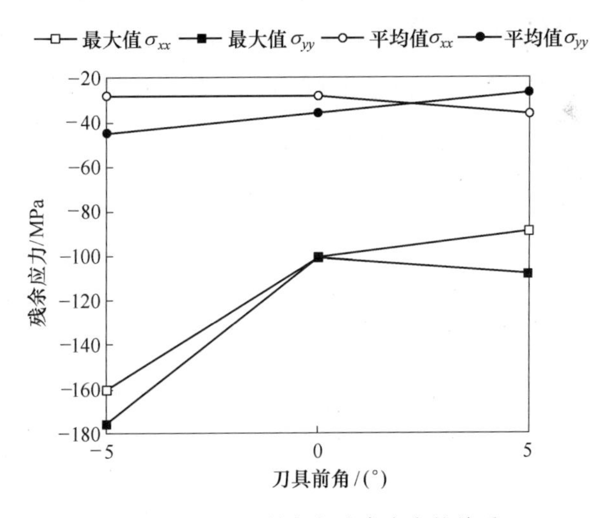

图 6-13　刀具前角与残余应力的关系

6.4.2　刀尖圆弧半径的影响

当刀具前角为 7°时，在不同刀尖圆弧半径条件下得到的详细预测结果见表 6-7。从表 6-7 中可以看出，摩擦系数、剪切面和刀屑界面的平均温度和切屑成形力都不受刀尖圆弧半径的影响。刀尖圆弧半径产生的犁削力随着刀尖圆弧半径的增加而增大，在本分析中总切削力主要包括切屑成形力和犁削力，因此总切削力随着刀尖圆弧半径的增加而增大。

表 6－7　刀尖圆弧半径变化时的详细预测结果

r_e/μm	μ	T_{AB}/℃	T_{int}/℃	F_{chip_c}/N	F_{chip_t}/N	P_{cut}/N	P_{thrust}/N	最大值/MPa		平均值/MPa	
								σ_{xx}	σ_{yy}	σ_{xx}	σ_{yy}
1	0.5753	437	403	358	151	1	3	−102.4268	−101.9236	−43.1501	−32.647
10	0.5753	437	403	358	151	11	27	−105.8799	−95.2711	−45.4876	−34.1364
20	0.5753	437	403	358	151	22	53	−118.1384	−116.2497	−43.7644	−34.6812
30	0.5753	437	403	358	151	34	80	−105.6719	−116.7954	−44.0927	−29.9024
40	0.5753	437	403	358	151	45	106	−91.1977	−110.1395	−40.3532	−21.2706

图 6－14 显示了残余应力随着刀尖圆弧半径变化的规律。从图 6－14 中可以看出，当刀尖圆弧半径大于 10μm 时，切向最大残余压应力和径向最大残余压应力都随着刀尖圆弧半径先增大后减小。这是因为刀尖圆弧半径增大时，由此产生的犁削力增大，工件表面由于机械载荷产生的应力增大，因此最大残余压应力增大。平均残余应力随着刀尖圆弧半径变化的规律不明显。由此可以推断，适当增大刀尖圆弧半径可在加工件表面获得较大的残余压应力。

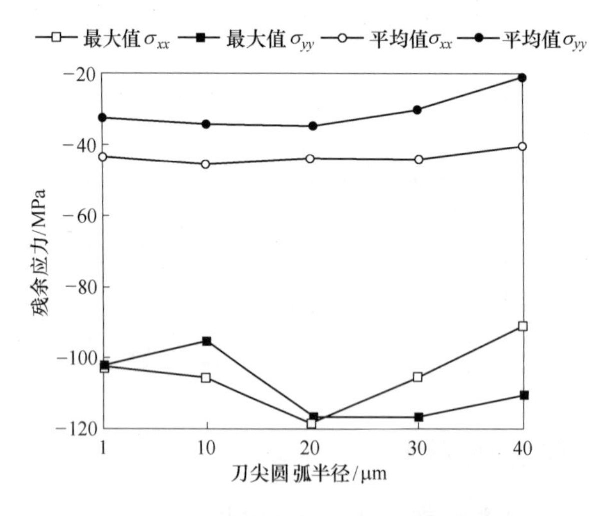

图 6－14　刀尖圆弧半径与残余应力的关系

综上所述，在本试验条件范围内，选择较小的微量润滑切削液流量，油雾混合比选取中等水平，适当降低切削速度，减小进给量，通过负前角切削加工可在工件表面获得较大的残余压应力。由于在实际工业生产中考虑加工成本，因此降低切削速度、减小进给量会导致加工成本提高。所以，可通过选择较小的微量润滑切削液流量，适当控制油雾混合比，可在加工件表面获得较大的残余压应力，从而通过微量润滑技术实现工件表面残余应力的控制。

6.5　本章小结

基于验证的残余应力预测模型对微量润滑切削表面的残余应力进行敏感性分析，主要分析微量润滑参数、切削参数以及刀具参数对加工表面残余应力的影响，内容总结如下：

1）最大残余压应力随着边界润滑膜的厚度增加先减小后增大，其所在深度基本无变化。而切向平均残余应力随着边界润滑膜的厚度增加先增大后减小，与之相反的是，径向平均残余应力随着边界润滑膜的厚度增加先减小后增大。由此可知，对于不同的残余应力优化目标，边界润滑膜存在不同的优化值。

2）最大残余压应力随着油雾混合比的增大先增大后减小，平均残余应力的变化趋势不明显。因此，要想获得较大的残余压应力，油雾混合比存在一定的优化范围。

3）最大残余压应力随着切削速度的加快而减小，随着进给量的增加先增大后减小，随着切削宽度的增加而增大。因此，合理选择切削参数可获得较大的残余压应力。平均残余应力随着切削参数的变化不明显。

4）刀具前角为负前角时，可在加工件表面获得较大的残余压应力。最大残余压应力随着刀尖圆弧半径的增大先增大后减小，而平均残余应力随着刀具参数变化不明显。

5）在实际加工过程中，可通过调节微量润滑参数控制加工件表面的残余应力。通过选择较小的微量润滑切削液流量以及适中的油雾混合比，可在加工件表面获得较大的残余压应力。

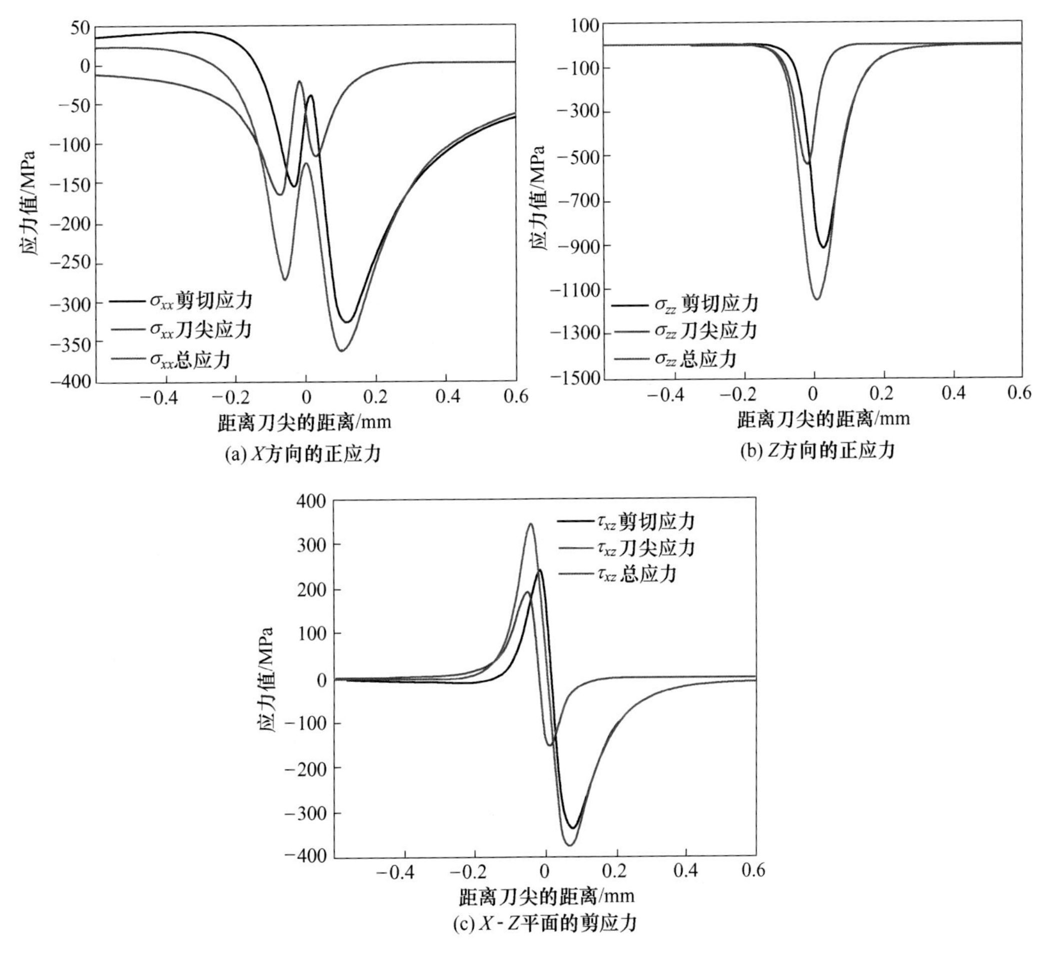

图 4-6　工件内应力分布示意图(P71)

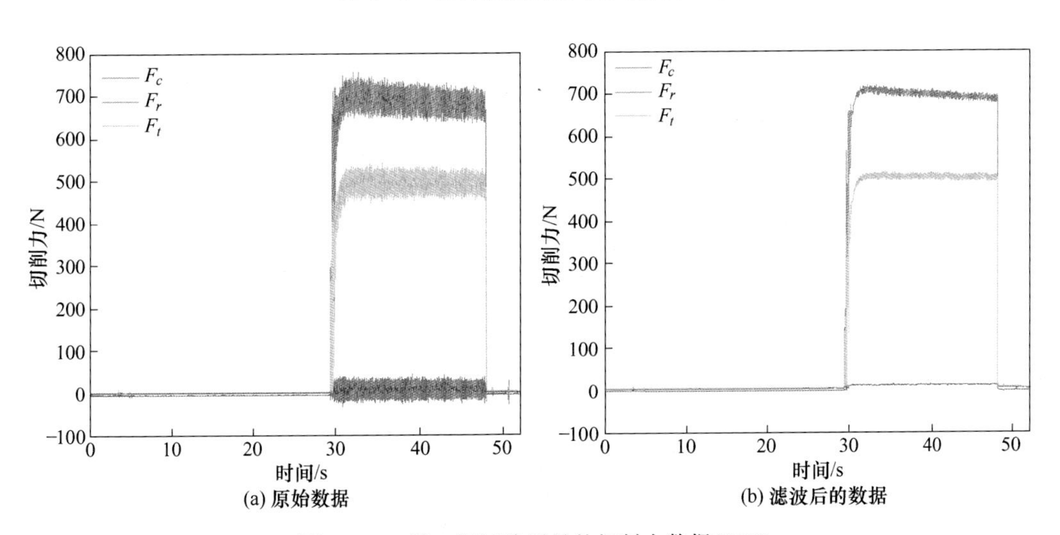

图 5-12　第 1 组试验测量的切削力数据(P86)